QUESTION DES SUCRES.

SOLUTION

PROPOSÉE PAR

LA SOCIÉTÉ D'AGRICULTURE,

SCIENCES ET ARTS,

DE L'ARRONDISSEMENT DE VALENCIENNES.

« Je ne reviendrai pas sur l'importance de l'industrie indigène. On a tout dit ; trop dit peut-être ; mais enfin *elle est immense, elle est vitale.* Nous ne pouvions pas porter la France au soleil des Antilles , et le soleil des Antilles est venu pour ainsi dire nous chercher, et une plante à laquelle la race nègre devra bientôt sa liberté, nous donne avec abondance , au seuil même de nos demeures, une de ces substances qui changent l'alimentation de l'homme en jouissance et en salubrité. Je crois au progrès de la betterave comme je crois au coton , ou au thé qui, offert il n'y a pas un siècle comme une plante médicinale et curieuse aux souverains de la Grande-Bretagne , emploie maintenant une partie de la marine marchande de l'Europe à le transporter ; et si quelqu'un doutait ici de ce développement , je voudrais qu'il pût visiter, comme je viens de le faire il y a peu de jours , les plaines de nos départements du Nord ; qu'il contemplât ces immenses usines qui s'élèvent de toutes parts, ces cheminées fumantes de tant de machines à vapeur qui donnent à ce pays , déjà si vieux en agriculture, l'apparence d'un pays neuf qu'une population nouvelle vient habiter, défricher, bâtir. Certes , *de tels progrès vous en promettent bien d'autres, si vous savez les préparer.* »

(M. DE LAMARTINE. *Séance de la Chambre des Députés du 24 mai 1837.*)

A VALENCIENNES,

TYPOGRAPHIE ET LITHOGRAPHIE DE A. PRIGNET.

Janvier 1843.

EXPOSÉ.

Il est des hommes dont l'Histoire semble forcée de rapprocher les noms, entre lesquels le parallèle est inépuisable. Reproduits ensemble par les artistes, cités simultanément par les hommes de guerre, FRÉDÉRIC et NAPOLÉON ont encore cela de commun, qu'ils comprirent l'un et l'autre toute la portée de la découverte d'un sucre nouveau extrait d'une plante européenne.

Achard, créateur de l'industrie du sucre de betteraves, fut encouragé par Frédéric (1). Justement préoccupé de l'importance de son œuvre, le célèbre chimiste refusa l'offre de 600,000 fr. pour publier qu'il s'était trompé. Il ne s'en repentit pas en voyant Napoléon « aux yeux de qui rien n'échappe, écrivait-il, s'intéresser à ce nouvel objet d'industrie continentale. » Il se félicitait au contraire d'avoir sacrifié son intérêt au bien général (2).

---

(1) *Instruction sur la culture et la récolte des betteraves,* par Achard, traduit par Copin, préface de M. Heurteloup, p. II.
(2) *Idem.* p. VII.

Napoléon, par un décret du 15 janvier 1812, créa 5 écoles spéciales pour la fabrication du sucre indigène, y attacha 100 élèves, ordonna d'ensemencer en betteraves 100,000 arpens métriques par voie de répartition, accorda 500 licences (1) et créa 4 fabriques impériales devant produire 2 millions de kilog. de sucre.

En 1842, après avoir consulté les conseils-généraux de l'agriculture, des manufactures et du commerce, et contrairement à leur opinion, le ministre de l'AGRICULTURE présenta à l'examen du conseil-supérieur du commerce, entre autres questions, celle de savoir : « s'il y a réellement impossibilité de donner *satisfaction* aux *intérêts compromis* (ceux des colonies, de la marine et du trésor), sans aggraver la position du sucre indigène ; et, par suite, s'il convient ou non de prononcer *la suppression* de celui-ci avec *indemnité,* comme il le demande (2). »

Et des industriels, et des agriculteurs qui doivent tout leur temps, tous leurs soins à leurs affaires, sont forcés de quitter la charrue, d'abandonner leurs usines pour défendre leur existence contre celui des ministres du Roi dont les hautes fonctions ont avant tout pour objet d'aider au développement de nos trop rares industries agricoles ; contre celui qui doit être, en quel-

(1) On a fait de ces licences un argument contre nous parce que, portant exemption de droits pendant un temps déterminé, on en a conclu que Napoléon reconnaissait que le sucre de betterave était éminemment imposable, et qu'il ne voulait pas lui accorder une protection continue. On oublie qu'on était alors sous le régime du blocus continental. Que l'on replace les fabricans dans les mêmes conditions, et ils paieront tous les droits qu'on voudra leur imposer

(2) *Résumé des discussions des Conseils-généraux,* p. 42.

que sorte et pour ainsi dire, le conservateur de la richesse nationale.

Il suffisait à M. le ministre du commerce de jeter un coup-d'œil sur les documents officiels pour s'assurer que les *intérêts* de la marine et du trésor ne sont en aucune façon *compromis* ; qu'il n'y a donc pas lieu de leur donner une *satisfaction* dont il n'ont pas besoin. Que si les *intérêts* des colonies sont *compromis*, la betterave n'en est pas cause ; que conséquemment s'il y a lieu de leur donner *satisfaction*, ce ne doit point être par l'aggravation de la position, ni par la suppression de l'industrie indigène qui, malgré *l'indemnité* qu'on veut bien lui promettre, ne *demande pas* qu'on la fasse disparaître du sol qu'elle féconde.

Comme toutes les industries nationales, l'industrie du sucre indigène a droit à la protection du pays. Les sophismes des négociants des ports, qui se prétendent *ennemis nés de tous les privilèges*, et ne vivent que de privilèges, ne peuvent faire que le sucre indigène n'ait pas autant de droit à être protégé contre le sucre étranger, que les tissus contre les tissus, les poteries contre les poteries, les sucres raffinés contre les sucres raffinés, le commerce maritime contre le commerce maritime. Quand donc les armateurs réclament pour toutes ces industries *protection* et *prohibition*, ils ne peuvent de bonne foi appeler *privilégiés* les fabricants de sucre, et demander, sans égoïsme, pour ces fabricants seuls, l'abaissement des barrières qui protègent toutes les industries.

Voir les développemens, page 19.

Ces barrières, il faut le dire, ne s'élèvent pas pour protéger l'industrie métropolitaine contre les produits étrangers seulement, mais aussi contre les produits coloniaux et contre l'industrie coloniale. En vain vient-on dire que les deux sucres sont

Page 24.

également français ; que le fabricant de sucre indigène et le producteur colon sont égaux en droits ; qu'il doit en être d'une colonie française à un département français, comme d'un département à un autre département. Pourquoi donc ne pas empêcher Marseille de raffiner au profit de Bordeaux , Nantes d'armer des vaisseaux au profit du Hâvre, comme on défend aux colons de commercer avec l'étranger et de raffiner leurs sucres au profit du commerce et de l'industrie métropolitaine ? Pourquoi ne pas imposer les alcools du Midi à un prix supérieur à ceux du Nord, comme les taffias des colonies relativement aux eaux-de-vie de France ? C'est qu'apparemment il y a égalité de droits entre les départements et non pas entre les départements et les colonies. Mais nos adversaires, qui ne veulent pas qu'on nous protège contre le sucre colonial, ont trouvé dans leur sagesse que si de deux nombres égaux entre eux, l'un est égal à un troisième, l'autre lui est supérieur. En d'autres termes : que si le fabricant de sucre est l'égal du raffineur, de l'armateur, du producteur d'alcool, il peut être l'égal du colon sans qu'il s'en suive que le colon soit l'égal du producteur d'alcool, de l'armateur et du raffineur.

Si le sucre indigène n'avait pour lui que le droit, quelqu'incontestable qu'il fût , on pourrait, on devrait peut-être le faire fléchir en présence de graves intérêts froissés. Mais, non seulement le sucre indigène est à tous égards digne de protection, il est de plus innocent des maux dont on l'accuse ; maux qui, pour la plupart, n'existent que dans les imaginations trop crédules des hommes dont la bonne foi ne peut croire au mensonge.

Page 32.   Il y a peu de temps encore, on accordait à la betterave qu'elle était au moins utile à l'agriculture. Aujourd'hui elle n'est plus pour elle qu'une plante parasite, qu'une *gangrène* (1).

On reproche à la fabrication du sucre indigène de ne pouvoir se développer que dans quelques départements privilégiés , alors qu'elle s'était produite dans 67 départements et que son développement n'a été arrêté que par des lois faites exprès , non seulement pour comprimer son essor, mais même pour la *réduire* et la *renfermer* dans d'étroites limites. Et tandis que cette réduction a fait fermer dans le Nord 66 fabriques sur 226 , dans le Pas-de-Calais 57 sur 138, dans la Somme et l'Aisne 15 sur 51, la Côte-d'Or en a perdu 1 sur 7, la Drôme 1 sur 3, le Loiret 1 sur 4.

Cette plante parasite , cette gangrène, qui ne produit le su- Page 38. cre qu'aux dépens de l'agriculture, a été cause que, dans le département du Nord, on peut citer les faits suivants : il y avait 115,452 hectares ensemencés en blé en 1855 , au lieu de 94,250 hectares en 1815 ;—3,000 hectares de plus plantés en pommes de terre, —une augmentation de produit en orge;—10 p. 0|0 de bénéfice sur les blés plantés après betterave , et diminution de prix sur le prix moyen de toute la France.

Cette plante , qu'il faut proscrire , a déplacé avec avantage le colza qui se produit utilement aujourd'hui jusque dans la Vienne ; elle fournit une double récolte : par la pulpe, une nourriture pour les bestiaux préférable à la betterave elle-même et supérieure en poids à toute autre espèce de récolte ayant même destination ; par son sucre, un produit supplémentaire, une

---

(1) *Question coloniale,* par M Levasseur de Rouen , 1839 p. 47.

richesse nouvelle, qui profite à tout ce qui l'entoure et n'est créée aux dépens de personne.

Page 45. La betterave n'a pu avoir aucune espèce d'influence sur nos exportations agricoles aux colonies, ces exportations n'ayant pas diminué et ne pouvant pas augmenter sensiblement. Eussent-elles d'ailleurs cessé, l'agriculture n'en eût éprouvé aucun dommage réel. — Le Midi n'a pas d'intérêt à vendre ses excédants en céréales aux colons plutôt qu'aux consommateurs du sud-ouest ou du sud-est, où il y a des manquants. — Si nous vendons pour **1,780,000** fr. de chevaux, bestiaux et viandes salées aux colonies, si nous en exportons en tout pour 7 millions, nous en tirons de l'étranger pour 10 millions; nous restons donc encore sous ce rapport tributaires de l'étranger de 5 millions. — On a calculé qu'aux colonies, la consommation en vins était de $1|464^e$ de la consommation de la métropole, et la consommation des eaux-de-vie de $1|592^e$; soit pour les vins, moins de $1|4$ de la consommation moyenne d'un de nos 86 départements, et à peu près de $1|7$ en eaux-de-vie. D'ailleurs, on sait que le mal n'est pas pour les vins dans les barrières de la douane, mais dans celles des contributions indirectes. Enfin, non seulement notre commerce de vins avec les colonies n'a pas souffert, mais encore l'exportation générale de nos vins, qui était en **1840**, de.... .... **1,533,581** hectolitres, a été en **1841**, de............. **1,478,392**

Augmentation...... **144,811**

ou 14 millions de litres.

Page 51. La fabrication du sucre indigène n'a en aucune façon empêché le développement de notre commerce extérieur, soit général, soit maritime, soit colonial.

La valeur de notre commerce général s'est accrue :

De 1825 à 30 , de.	10,000,000 fr.
De 1830 à 35 , de.	384,000,000
De 1835 à 40 , de.	468,000,000
De 1840 à 41 seulement , de	123,000,000

La valeur de notre commerce maritime a augmenté :

De 1825 à 30 , de.	62,000,000 fr.
De 1830 à 35 , de	253,000,000
De 1835 à 40 , de.	388,000,000

Le commerce colonial ne s'est accru , pendant ces 15 ans , que de 17,000,000 ; mais on sait que la population très-restreinte de nos colonies est le seul obstacle , mais l'obstacle insurmontable, à tout développement important.

La valeur de notre commerce maritime était en 1840 , de.	1,481,100,000

Celle de notre commerce colonial était de.	106,400,000

Il en résulte que si nos colonies n'eussent pas existé, notre commerce maritime

n'en eût pas moins été de.	1,374,700,000

Or, ce chiffre présente sur 1825 , une augmentation de	577,500,000

et même , sur 1835 , une augmentation de.	281,800,000

d'où il résulte à l'évidence que, non seulement la prospérité de notre commerce maritime est indépendante de notre commerce colonial, mais que même alors que nos colonies eussent été émancipées, il y a 10 ans, il y a 5 ans, la perte , quant au commerce, serait déjà complètement effacée.

Ce n'est point, en effet, aux colonies, qu'il faut chercher des débouchés introuvables, mais aux Etats-Unis, là où, de Paris seulement, on expédiait en 1841, pour 9,500,000 fr. de marchandises de plus qu'en 1840, sur un commerce d'exportation qui en 10 ans s'est élevé de 66 millions à 140.

Mais, si notre commerce colonial pèse si peu dans la balance de notre commerce général, il intéresse à un haut degré, il faut le reconnaitre, les quelques négociants qui exploitent les colons de la manière la plus déplorable. Aussi, deux partis existent-ils dans nos ports, relativement à la question coloniale. L'un veut conserver les colonies ; l'autre les jetterait volontiers à l'eau après avoir démoli nos usines ; c'est, pour la consommation de la France, le monopole des sucres étrangers qu'il espère obtenir. Ce dernier parti, qui est au parti colonial comme 93 est à 7, puisque la valeur du commerce avec les colonies n'est que de 7 0[0 du commerce maritime en général, ce parti, disons-nous, est momentanément réuni à son adversaire pour détruire le sucre indigène, sauf après la victoire, à s'en séparer et à le combattre. Aussi, les délegués des ports, *unanimes* en 1829 pour demander l'émancipation commerciale des colonies, sont-ils aujourd'hui *unanimes* pour la repousser.

Page 66.

Les colons et les négociants des ports accusent la betterave d'être cause du malaise colonial. A les en croire, le sucre de canne serait chassé du marché métropolitain par le sucre indigène, et 15 millions de kilog. de sucre colonial seraient forcément réexportés chaque année, pour n'avoir pu trouver place dans notre consommation !...

La moyenne décennale de la consommation du sucre de canne a été de 1812 à 21, de.............. 28,000,000 kilog.
De 1822 à 31, elle a été de........ 55,000,000

Jamais depuis cette époque la consommation *d'aucune année* n'a été moindre de 56 millions.

La moyenne quinquennale de 1852 à 56 a été de....................... 61,000,000

De 1857 à 41, de............. 67,000,000

En 1841 , la consommation a été de.. 76,000,000

Le sucre indigène n'a donc pas déplacé le sucre de canne ; il y a plus, il a été déplacé par lui. — Sur 109,000,000 de con‑sommation, en 1857 et 58, la canne fournissait 60,000,000 de kilog., la betterave............. 49,000,000

En 1841 , sur une consommation de 111,000,000, la canne a fourni 76,000,000 et la betterave (fraude eompr se). 55,000,000

Différence..... 14,000,000

14,000,000 de kil. de sucre indigène ont donc été chassés du marché par le sucre de canne.

Ce ne sont point les chiffres de la douane qui disent que 15 millions de kilog. de sucre colonial sont réexportés bruts chaque année, ce sont les calculs de nos adversaires. La différence entre le sucre importé et le sucre acquitté est évidemment le chiffre de la réexportation; seulement, dans leurs calculs, nos adver‑saires ont oublié que les importations sont comptées au poids brut et les acquits au poids net, de sorte que le chiffre de 15 millions, à très peu‑près, n'est autre chose que la tare à déduire. Il n'est donc pas vrai que l'on soit obligé de réexporter le sucre colonial, il est (sauf quelques quantités insignifiantes) *entière‑ment consommé en France.*

Quant à la baisse des prix, elle fait évidemment tort aux co‑lons, mais elle fait également tort aux fabricants de sucre. Cette baisse n'est point due à ces derniers, car elle est antérieure à leur existence, elle est continue depuis 1812 ; elle est donc due à une cause permanente. A cette cause, une cause nouvelle est venue se joindre, qui a poussé la baisse outre-mesure : c'est la concurrence du sucre étranger, dont nous parlerons plus bas.

Qu'on supprime donc le sucre indigène, et qu'on lui substitue le sucre étranger, les colonies ne seront pas sauvées. Le mal qui les ronge et qui les tuera s'il continue, qu'on leur sacrifie ou non nos intérêts agricoles les plus réels, le mal, disons-nous, est tout entier, et dans le système colonial lui-même qui livre les colons à la tyrannique avidité de quelques négociants des ports, et dans la menace incessante de l'émancipation des nègres qui a détruit le crédit des colons, en ôtant toute valeur à leurs propriétés. Tant que ces deux question de l'émancipation commerciale des colons et de l'émancipation de leurs nègres ne seront pas résolues, le malaise colonial ne pourra qu'empirer.

Page 76.
Il en est de la marine comme du commerce maritime. Sans parler des progrès de notre navigation générale, disons que la navigation par navires français était :

En 1840 de. . . . . 1,592,000 tonneaux.
Elle n'était en 1850 que de. 707,000
Augmentation. . . 685,000

Si on en soustrait la navigation coloniale, on a :
Pour 1840 — 199,000 tonneaux en moins 1,193,000
Pour 1850 — 206,000. 501,000
Augmentation. . 692,000

C'est-à-dire, augmentation plus grande sans sucre qu'avec du sucre, sans colonies qu'avec des colonies.

La marine royale n'est pas en péril, comme on le prétend. Le chiffre de l'inscription maritime va croissant : il était en 1838 de 91,000 hommes , en 1839 de 93,000, en 1840 de 98,000 hommes.

Et d'ailleurs, comment croire que les négociants des ports ne réclament la suppression du sucre indigène que dans l'intérêt de notre puissance navale? Marseille , Bayonne et le Havre , n'ont-ils pas demandé l'autorisation, pour leur plus grand intérêt personnel, d'employer des marins étrangers sur leurs navires? des pétitions de Saint Brieuc et de Bordeaux n'ont-elles pas sollicité le désarmement d'une partie de nos flottes, pour s'emparer des marins de la marine royale, parce que leurs armateurs *manquaient d'hommes*? Ce qui , soit dit en passant , prouve admirablement la détresse de leur commerce.

Le gouvernement ne peut croire, ne croit réellement ni au dépérissement de notre force maritime, ni à l'indispensable nécessité de nos relations coloniales pour recruter nos marins militaires.

Il ne croit pas au dépérissement de notre force maritime, et la preuve en est qu'il avait proposé le désarmement d'une partie de nos flottes.

Il ne croit pas à l'indispensable nécessité de nos relations coloniales , c'est-à-dire au besoin d'un transport de 200,000 tonneaux; s'il y croyait, il ne donnerait pas un transport égal de 200,000 tonneaux, à la *marine étrangère*, pour une économie sur le fret de 3 fr. par tonne. Ce fait a une haute importance ; il prouve que, si nous cessions nos relations avec nos colonies, il suffirait de renoncer à une économie annuelle de 600,000 fr. pour rendre à notre marine marchande le transport qu'elle aurait perdu.

La betterave, dit-on, constitue le trésor en déficit. Le fait est matériellement faux ; de 11 millions qu'il était en 1813, l'impôt

Page 81.

sur le sucre est arrivé à 41 millions en 1841. Le progrès de cet impôt, dans les dernières années, a été de 1|3e par an, tandis que les impôts analogues n'ont progressé que dans la proportion de 1|62, 1|45, 1|38, 1|22, 1|15 au plus.

Prétend-on qu'il y a au moins pour le fisc manque à gagner ? *Supposons* que tout le sucre de betterave soit remplacé par le sucre étranger, le trésor y gagnerait par an 16,000,000 francs.

Par du sucre colonial............   4,000,000
Moyenne....................   10,000,000

Pour arriver là, il faut *supposer* que le sucre de betterave n'offre pas de compensation, alors qu'il a fait augmenter dans le Nord les impôts indirects de 55 et 50 p. 0|0, tandis que la moyenne pour la France n'était que de 17 1|4 p. 0|0. Il faut *supposer* que la ruine de l'industrie indigène n'amènera pas de diminution dans l'aisance des départements les plus populeux, et que conséquemment la consommation ne diminuera pas.

En prenant pour vérités toutes ces *suppositions*, il faut encore admettre qu'il y a avantage à supprimer une production de richesse annuelle de 40 à 50 millions pour verser 10 millions dans le trésor ;

Nous avons dit que le sucre indigène

Page 89.

A DROIT :

A être protégé contre le sucre étranger,
A être protégé contre le sucre colonial ,

Comme le négoce des ports, comme les raffineurs, comme les producteurs d'alcool.

QU'EN FAIT :

I pouvait se développer sur presque tout le territoire de la France, si le législateur ne l'eût pas à dessein frappé trop tôt d'un droit restrictif.

Il est avantageux à l'agriculture.

Il n'a nui en aucune façon :

Ni au développement de notre commerce extérieur ;

Ni à l'extension de la consommation du sucre colonial et à son absorption entière par le marché français ;

Ni au développement de la marine marchande et de la marine militaire ;

Ni, enfin, à la progression de l'impôt.

Où donc est le mal ?

Quelles en sont les causes ?

Quel en est le remède ?

Le mal, et pour le colon et pour le fabricant de sucre qui a survécu aux lois de 1837 et de 1840, est évidemment dans le trop bas prix du sucre. Page 91.

La cause de ce bas prix n'est point, comme on le prétend, la trop grande production indigène ou coloniale, puisque, réunies, elles n'excèdent point la consommation, bien que le sucre étranger soit seul aujourd'hui réexporté après raffinage. — Cette cause ne peut donc être que dans la concurrence du suce étranger qui, en grande quantité dans nos entrepôts, ne permet pas aux prix de se relever au-delà de celui auquel il peut être livré lui-même. Page 92.

Le remède à ce mal ne peut donc être : Page 96.

Ni la suppression de l'industrie sucrière indigène, qui, en mettant l'une des parties brutalement hors de cause, n'améliore-rait pas le sort de l'autre, puisque, d'une part, elle apporterait une perturbation telle qu'elle pourrait diminuer la consommation, et d'autre part, en laissant le sucre étranger régulateur des marchés, c'est à son profit, et non à celui des colons qu'il sacrifie l'industrie nationale.

Ni l'égalité immédiate des droits, qui aurait tous les effets de la suppression.

Ni l'égalité progressive et à jour fixe, parce qu'elle procéderait en sens inverse des lois de la pondération admise entre les deux sucres, en frappant celui qui cède la place à l'autre ; et parce que ce système suppose une chose impossible : la connaissance exacte des progrès scientifiques et industriels que doit accomplir l'industrie sucre, aussi bien que de la date certaine de ces progrès

L'exportation directe des sucres coloniaux serait, sans aucun doute, un moyen d'améliorer la position, surtout des colons ; mais on ne peut l'espérer tant que les ports auront l'adresse d'exploiter les colonies au nom de l'intérêt général qui n'y est pour rien.

Reste à réserver le marché français aux deux sucres nationaux et à pondérer les intérêts de ces deux sucres.

La première de ces deux mesures doit être franche. Si l'on veut garantir les deux sucres français de la concurrence étrangère, il faut interdire aux sucres étrangers le marché français, et ne les admettre qu'en entrepôt pour la réexportation, soit à 'état brut, soit après raffinage.

La seconde de ces mesures ne peut être basée sur des prix de revient qu'il n'est donné à personne de connaître, et qui ont conduit le législateur à des erreurs qui ont causé la ruine de 187 fabriques. La marque la plus certaine de la prospérité d'une industrie, c'est le développement qu'elle prend. En variant le droit suivant l'accroissement ou la diminution des productions des diverses provenances, on arriverait évidemment à les tenir en équilibre. C'est, à notre avis, ce que pourrait faire une loi conçue dans les termes suivants :

PROJET DE LOI.

—

Article 1.er *A dater du premier janvier 1844, les sucres de provenances étrangères ne seront admis en France qu'en entrepôt, pour être réexportés, soit bruts, soit après raffinage.*

Art. 2. *Chaque année, dans le courant de juillet, il sera dressé un tableau indiquant : 1° la quantité de sucres coloniaux acquittés depuis le premier juillet de l'année précédente jusqu'au 30 juin de l'année courante; 2° la quantité de sucre de betteraves produite pendant la dernière campagne.*

Art. 3. *Si la quantité de sucre de betteraves produite dépasse de 500,000 kilog. le tiers du chiffre total du tableau dressé en vertu de l'article précédent, le droit sur les sucres de betteraves à produire dans la campagne suivante sera augmenté de 5 francs par 100 kilog. Ce droit sera au contraire diminué de 5 francs par 100 kilog. si les quantités de sucre colonial acquittées dépassent de 1,000,000 de kilog. les deux tiers du chiffre total du tableau; sans toute fois que le droit*

2

sur le sucre indigène puisse être moindre de 10 francs par 100 kilog. et supérieur à 45 francs, non compris le décime.

Art. 4. Si, dans les quantités de sucre colonial acquittées, les sucres de l'île Bourbon sont compris pour plus de un quart, le droit sur ces derniers, à compter du 1.er janvier suivant, sera augmenté de 5 francs par 100 kilog. Si, au contraire, ces sucres font moins du quart de la somme totale des sucres coloniaux acquittés, le droit sera réduit de 5 francs, sans, toutefois, que le droit sur ces sucres puisse être moindre de 30 francs et supérieur à 45 francs, non compris le décime.

DÉVELOPPEMENS.

---

§ I.

DROITS DE L'INDUSTRIE SUCRIÈRE INDIGÈNE
ET DU COMMERCE DES PORTS
EN GÉNÉRAL.

Les négocians des ports, seuls adversaires sérieux de la betterave, sont d'abord entrés dans la carrière, en champions de la liberté commerciale. Usant et abusant de ce mot magique, LIBERTÉ, ils ont voulu faire considérer le commerce maritime comme « *Ennemi né de tous les priviléges*, placé mieux que tout autre pour en apprécier la portée (1). » Aussi est-ce au nom de la liberté, au nom de l'égalité des droits de chacun, qu'ils ont long-temps réclamé contre les prétendus priviléges du sucre indigène. Mais dans ces derniers tems, se croyant sûrs du succès, ils ont jeté le masque et demandé hautement la suppression de l'industrie française au profit des anglais (2) et de leur commerce personnel.

---

(1) Mémoire des délégués du commerce maritime, 5 juin 1839, p. 2.

(2) Parce qu'aujourd'hui nous allons chercher des sucres dans les Îles espagnoles, ce n'est pas une raison pour que la suppression de la betterave ne se fasse pas au profit de l'Angleterre. Elle est elle-même le meilleur juge de cette question; voyons ce qu'elle en pense et ce qu'elle en a toujours pensé.

En tête d'une traduction de l'ouvrage d'Achard sur le sucre indi-

Quelques citations suffirout pour prouver que le commerce des ports n'est pas sincère quand il se prétend *ennemi né de tous les priviléges*. Le principe qu'il soutient contre la betterave est un drapeau d'emprunt sous lequel il s'abrite, mais ce n'est pas son drapeau. Loin d'être ennemi né de tous les priviléges, le commerce maritime ne vit que de priviléges, et soutient, en toute

gêne imprimé en 1811, se trouve une préface de M. Heurteloup premier chirurgien des armées de l'empire; on y lit, à la page 6 : « Une chose importante que cet estimable cultivateur (Achard) nous dévoile, prouverait que les Anglais ne peuvent être aussi indifférens qu'on pourrait le croire sur les mesures prises par le Grand Napoléon pour remplacer le sucre de canne. Sous le voile de l'anonyme, il a été proposé à M. Achard d'abord en 1800, une somme de 50,000 écus, puis en 1802 une autre de 200,000 s'il voulait publier un ouvrage, dans lequel il avouerait que son enthousiasme l'aurait égaré, que ses expériences en graud lui auraient démontré la futilité de ses premiers essais ; qu'il avait enfin acquis la conviction, très-désagréable, que le sucre de betterave ne pourrait jamais suppléer celui de canne.

A 40 ans de distance, on lit dans le *Morning-Post*, du 26 mars 1842 : « On sait que la production des Colonies Françaises en sucre est inférieure, d'un quart environ, aux besoins de la consommation dans la métropole, et que si la fabrication des sucres de betteraves était supprimée, la France serait obligée de s'adresser aux Colonies Anglaises et Espagnoles pour combler le déficit. La marine marchande des ports français serait alors notoirement hors d'état de transporter toutes les quantités nécessaires pour l'approvisionnement du marché intérieur, et les maisons qui font le commerce des sucres seraient ainsi forcées d'avoir recours à la marine étrangère pour le transport des denrées coloniales. Malgré même la surtaxe qui pèserait sur les sucres étrangers, imposée au pavillon étranger, le commerce français *n'aurait pas d'autre ressource* pour satisfaire aux besoins de la consommation, et ce serait principalement à notre marine marchande qu'il devrait s'adresser. Il est donc à espérer, *en ce qui concerne l'Angleterre*, que le projet du ministère français qui *sacrifie* les fabriques indigènes aux intérêts coloniaux et maritimes, sera adopté tôt ou tard, car il nous offre la double perspective d'achats importans de sucre dans nos colonies, et d'un accroissement considérable donné à notre commerce de transport. »

circonstance, le système protecteur et même prohibitif ; il le soutient pour lui et pour les siens, il a donc mauvaise grâce à le combattre quand il s'agit des autres.

En 1829, la chambre de commerce du Hâvre, parlant *du système des économistes*, qui ont pris pour devise *laissez faire, laissez passer*, s'exprime ainsi : « rien n'est, sans doute, plus séduisant que ce système, et l'on ne doit pas être étonné de le voir adopté par des commerçans qui, animés d'une noble indépendance, n'ont eu que trop souvent à se plaindre d'entraves inutiles. Mais ont-ils bien réfléchi sur toutes les conséquences que pourrait avoir une semblable innovation sur *l'existence de la classe ouvrière*, et à *tous les maux* qui pourraient en résulter, d'abord pour elle, et, par contre-coup, pour *toutes les autres classes de la société ?* Ont-ils oublié les *funestes résultats* du succès momentané qu'ils obtinrent, en *imposant* à la France le traité de commerce de 1786 : le pays *encombré de marchandises anglaises ;* tous nos ateliers *ruinés* et n'ayant pu se relever qu'au moment où la guerre de la révolution mit un terme à son exécution ?.... (1). »

On voit dans l'enquête commerciale de 1834 que les chambres de commerce de Marseille et de Dunkerque attribuent la prospérité de l'Angleterre au système protecteur dont elles demandent en France la continuation (2).

La société d'agriculture du Hâvre va plus loin ; elle appelle ceux qui demandent la levée des prohibitions : « des feseurs d'utopies, des fous, proneurs et zélateurs du commerce illimité. »

-----

(1) Mémoire sur la question des sucres, 1829 p. 7.
(2) Enquête de 1834 t. 1 p. 74 et 79.

— « Il faut repousser, dit-elle, les déclamations *funestes* d'économistes théoriciens, pour qui les faits ne sont rien, dont quelques intérêts privés, en opposition avec l'intérêt général, s'emparent pour les exploiter à leur profit (1). »

Tels sont les principes des *ennemis nés de tous les priviléges.* Voici les conséquences qu'ils en tirent eux-mêmes :

La chambre de commerce et le conseil de prud'hommes de Rouen repoussent avec effroi la concurrence des tissus étrangers, ils plaident contre Bordeaux, pour les tissus, dans des termes exactement les mêmes que ceux qui nous servent à défendre la betterave contre leurs attaques. — Leurs délégués réclament la continuation de la *prohibition* pour les indiennes et les tissus de coton et de laine (2).

La chambre de commerce de Nantes déclare que la verrerie commune a besoin d'une forte protection (3).

La chambre de commerce de Marseille pose en principe, il est vrai, que « tout ce qui rappelle l'idée du monopole et du privilége a quelque chose de révoltant et d'odieux ; » mais elle n'en demande pas moins le maintien des tarifs pour les faïences et poteries ; — le maintien de la *prohibition* pour les grés fins ; — la continuation de la *prohibition* à l'entrée des sucres raffinés ; — de plus, elle regrette la prime à l'exportation de ces mêmes sucres (4).

---

(1) Enquête de 1834 t. 1 p. 417 et 419.
(2) Enquête de 1834 t. 1 p. 85, 86 et 111, et t. 3 p. 231 et 240.
(3) Enquête de 1834 t. 1 p. 231.
(4) Enquête de 1834 t. 1 p. 79 205 et 135.

Cinq ans après, répondant aux colons qui demandaient la suppression de la surtaxe sur leurs sucres bruts blancs, les *ennemis nés de tous les priviléges* repoussaient cette demande si conforme aux principes qu'ils proclament dans la question qui nous occupe, parce qu'elle leur enlèverait la vente de quelques pains de sucre (1).

Ecoutons la chambre de commerce de Boulogne-sur-mer : « Pourquoi, dit-elle, interdire l'introduction des denrées colo· niales par les frontières de terre et forcer ainsi les fabricans qui y sont établis à subir la loi des grands ports de Marseille, Bordeaux et le Hâvre, lorsqu'à peu de distance de leurs manufactures ils trouveraient ces produits à plus bas prix ? — les fabricans ne pourraient-ils pas se servir envers la navigation du langage dont on a usé à leur égard ? ne pourraient-il pas dire : pourquoi *ce privilége* qui augmente le prix des matières premières et des objets de consommation ? (2) »

Que peuvent répondre à cela les négocians des ports ?..... marine... pavillon... honneur national... grands mots, dont plus bas nous apprécierons la valeur. En attendant, quand ils disent : « *le commerce maritime est ennemi né de tous les priviléges,* » traduisez : Ennemi de tous les priviléges qui servent à protéger les autres, ami de tous ceux qui peuvent l'enrichir. Voilà le drapeau du commerce des ports, voilà sa devise. Tout autre drapeau est un drapeau d'emprunt, toute autre devise est un mensonge.

Au commerce maritime qui veut en principe la liberté pour

---

(1) Enquête de 1829 sur les sucres p. 27.
(2) Enquête de 1834 t. 1. p. 72.

tous et en réalité le monopole pour lui, nous disons donc : la betterave ne réclame que sa part du droit commun, de la protection commune ; elle a la prétention de vouloir être protégée à l'égal du commerce des ports ; — à l'égal des tissus dont la chambre de commerce de Rouen défend justement les droits ; — à l'égal des verreries soutenues par la chambre de commerce de Nantes ; — à l'égal des fabriques de faïences, de poteries, de grès ; — à l'égal même des raffineries pour qui la chambre de commerce de Marseille réclame la continuation du système protecteur et même prohibitif.

Les fabricans de sucre indigène, protégés contre le sucre exotique, ne sont donc pas des privilégiés, ils sont dans la position commune à tous les industriels français.

A l'égard des sucres étrangers, cela ne peut faire de doute.

A l'égard des sucres coloniaux, il y a des objections, nous allons les peser.

— — —

§ II.

DROIT DE L'INDUSTRIE SUCRIÈRE INDIGÈNE
ET DU COMMERCE DES PORTS
A L'ÉGARD DES COLONIES.

« Que demain, disent nos adversaires, la Corse s'adonne à la culture de la betterave ou de la canne à sucre, et qu'elle apporte ses produits à Marseille ou au Havre, viendra-t-on dire que ses produits ne sont pas indigènes ? fera-t-on une distinction entre les sucres du département de la Corse et ceux des départemens qui appartiennent au continent? non sans doute..... » et ils s'empressent de conclure : « ou les produits de nos colonies sont étrangers et alors qu'on leur applique le droit qui frappe le sucre exotique; ou bien ils sont français et ils doivent jouir des mêmes avantages que le sucre produit par les départements du continent (1). »

Ce dilemme n'est pas concluant. Il est vrai que si la Corse produisait du sucre, il ne pourrait être surimposé au profit des départements de l'intérieur ; la raison en est que la Corse est un département français comme tous les autres départements ; la Martinique, la Guadeloupe, ne sont que des colonies. La différence n'est pas seulement dans les mots, elle est dans la nature même des choses ; un département français et une colonie française ne sont ni politiquement , ni administrativement, ni commercialement régis par les mêmes lois ; aussi , entre les deux termes extrêmes , de produit français et produit étranger, il y a un terme intermédiaire , produit colonial , qui , sous l'empire de la constitution coloniale actuelle , ne peut et ne doit être traité , ni comme produit français ni comme comme produit étranger.

Il faudrait ignorer les premiers élémens de l'histoire commerciale des peuples, et du nôtre en particulier, pour ne pas savoir que les colonies n'ont été créées que dans le seul intérêt de la métropole :

Et pour ouvrir à son commerce des débouchés qui ne l'obligent point à accorder *des avantages réciproques*;

Et pour en tirer des objets, ou que la métropole ne produit

---

(1) Question coloniale , par M. Levasseur, 1839 p. 54.

ni ne peut produire, ou qu'elle ne pourrait acheter que *désavantageusement* à l'étranger (1).

Nos adversaires eux-mêmes, lorsque ce qu'ils croient être leur intérêt dans la question des sucres ne les aveugle pas, confessent ces principes :

« La loi d'institution des colonies, dit M. Granier de Cassagnac, fort sagement conçue par Colbert, a *interdit aux Antilles*

---

(1) L'objet des colonies est de faire le commerce à de meilleures conditions qu'on ne le fait avec des peuples voisins *avec lesquels tous les avantages sont réciproques;* on a établi que la métropole seule pourrait négocier dans les colonies, et cela avec grande raison, parceque le but de l'établissement a été l'extension du commerce, non la fondation d'une ville ou d'un nouvel empire (Montesquieu, *Esprit des lois*). — Il cite les Carthaginois qui empêchaient leurs colons de planter quoi que ce soit pour leur envoyer des vivres, et ajoute : « Nos colonies des Iles Antilles sont admirables; elles ont des objets de commerce que nous n'avons et *ne pouvons avoir*, elles manquent de ce qui fait l'objet du nôtre. »

— « Les établissemens des européens dans le nouveau monde ont pour but la culture et le commerce des denrées que la métropole *achèterait désavantageusement* à l'étranger. » (Guyot, répertoire de jurisprudence, au mot colonie.)

— « Tous les produits de l'industrie nationale sont protégés, soit par des prohibitions absolues, soit par des droits à l'entrée, contre les produits qui viennent du dehors. *Et que l'on remarque bien que les produits des colonies n'ont jamais été exceptés de cette règle et ont constamment été considérés comme étrangers sous ce rapport.* C'est ainsi, que, dans l'intérêt des produits de la vigne en France, les rhums et les taffias ont été long-tems prohibés et ne sont admis aujourd'hui que moyennant un droit d'entrée très-élevé. » (M. de Dombasle *dernière lettre.*)

— « La colonie a été instituée dans l'intérêt de la métropole, dont le développement naturel ne peut être entravé dans ses conséquences majeures pour quelque petites îles dont les travailleurs, pour la plupart, ne sont pas français. » (Rapport de M. le général Bugeaud, 1840 p. 5)

les cultures de France; les colons *n'auraient* donc *pas le droit*
de faire du blé ou du vin, quand bien même ils le voudraient,
et cela, je le répète, *est fort sage*; car, à quoi bon des colonies,
*si leurs produits devaient faire concurrence à ceux de la
métropole*, et l'appauvrir, par conséquent, au lieu de l'enrichir (1). »

Avouer qu'il est légal et *sage* que le cultivateur colon ne puisse
ensemencer sa terre en blé quand *bien même il le voudrait* par ce
que le produit de sa terre *ne doit pas faire concurrence à ceux
de la métropole*, et demander au nom de *l'égalité des droits*
entre des produits *également français*, la *suppression* du sucre indigène, voilà la logique de nos adversaires.

Ne pourrait-on pas, toutefois, tirer d'autres conséquences du
principe posé par M. Granier de Cassagnac, ou plutôt par Colbert lui-même? Ne pourrait-on pas dire que, substituant au
mot *blé*, au mot *vin*, le mot *sucre*, le principe reste le même,
et qu'un produit colonial quelconque ne doit pas plus qu'un
autre faire concurrence à un produit de la métropole, et *l'appauvrir, par conséquent, au lieu de l'enrichir*.

Il y a loin de là, il faut en convenir, au contrat sinallagma-
tique qui, au dire des colons et des ports eux-mêmes, lierait
moyennant certaines garanties, nos colonies à la métropole,
comme jadis les capitulations liaient les provinces réunies à la
couronne. Mais ce contrat, personne ne l'a vu, bien qu'on en
ait souvent parlé; la commission d'enquête de 1829 en a for-
mellement dénié l'existence (2); et quand M. Jollivet enjoint à la

---

(1) *Globe*, du 26 novembre 1841.

(2) « La 3e opinion (celle qui a été professée par la majorité) diffé-
rait de la 1re en ce sens qu'elle ne reconnaissait dans la législation

métropole de supprimer le sucre indigène , en s'exclamant :
« les colonies le demandent, le pacte colonial à la main (1) ! »
ne sommes-nous pas en droit de le sommer de produire ce fa-
meux contrat, que, jusqu'à preuve contraire et preuve bien
authentique, nous devons déclarer chimérique.

Les faits sont d'accord avec les principes que nous venons de
poser.

Pour ne parler que du sucre, n'est-il pas défendu au colon de
le raffiner, et même, par une taxe élevée, de le blanchir assez
pour être livré directement à la consommation ? Certes, on n'o-
serait proposer d'exploiter à ce point un *département* au profit
d'un autre ; mais il s'agit des colonies, et, pour elles, c'est le
droit commun. Aussi, ne saurait-on nier qu'on eut également
prohibé à l'entrée les sucres bruts si la betterave en eut produit
alors; car, comme le dirait M. Granier de Cassagnac, *à quoi bon
les colonies si leurs produits doivent faire concurrence à ceux
de la métropole.*

Autre exemple , qui prouvera que la question des sucres
n'est pas sans précédent , et que , par conséquent , il existe des
règles pour la juger.

Avant 89, les taffias produits dans nos colonies, non seulement ne pouvaient pas être introduits en France, mais ne pouvaient pas même y être mis en entrepôt. C'était à ce point , que
les capitaines de navire, revenant des iles , étaient obligés de
faire jeter à la mer ce qui en restait de la provision de l'équi-
page (2).

---

existante, rien qui offrît le caractère d'un quasi-contrat ou d'un engage-
ment synallagmatique. » (Enquête de 1849 p. 279).

(1) Question des sucres 1841 p. XXIII.

(2) Réflexion d'un vieillard du pays de Médoc, 1785 p. 50 et 51. »

La question de l'introduction des taffias débattue alors, comme celle des sucres aujourd'hui, n'était pas sans importance, puisqu'on estimait les sirops et taffias à $1\frac{1}{10}^e$ du revenu en sucre. Il fallait, disait-on comme aujourd'hui, *ménager et concilier* les intérêts de notre puissance maritime, du colon, de l'armateur, et du cultivateur français. Quelle solution proposait alors le commerce maritime? *l'égalité des droits entre deux produits également français?* Non pas, s'il vous plaît, mais bien l'exportation avec prime pour chaque barrique de sirop et taffia exportée par navire français (1).

---

(1) « Dans cette discussion il y a quatre intérêts à la fois à ménager et à concilier.

« 1o Celui de la France, comme puissance maritime, et à qui il importe de faire toute la navigation qui lui appartient.

« 2o Celui des colons comme propriétaires.

« 3o Celui de l'armateur, qui ne peut pas se charger d'une denrée qui lui tombe en pure perte.

« 4o Celui du cultivateur français, aux eaux-de-vie duquel le taffia peut apporter du préjudice.

« Il faut tâcher de concilier ces intérêts, sans en blesser aucun. Nous aurons rempli notre but si nous favorisons la métropole sans nuire à l'intérêt de la colonie.

« Il serait conservatoire de ces intérêts, que la consommation de sirop et taffia se fit dans l'Amérique septentrionale : n'en pourrait-on pas désigner l'entrepôt aux îles Saint-Pierre et Miquelon, où les anglo-américains iraient les chercher? L'amateur alors ne serait point obligé de s'en charger, et le colon en aurait un débouché : le cultivateur propriétaire d'eau-de-vie n'aurait point à craindre la concurrence des taffias, et la France ferait alors toute sa navigation.....

» Les colonies sont en état de faire ce cabotage...... les colons rapporteraient des bestiaux, des merrins et du bois...... comme toute espèce de navigation a besoin d'être encouragée, le ministre porté à favoriser le commerce, ne pourrait-il pas obtenir de S. M. une gratification, en forme de prime, pour chaque barrique de sirop et taffia qui serait exportée par navire français...... » (Réflexions d'un vieillard du pays de Médoc sur l'arrêt du conseil du 30 août dernier, qui permet l'admission des étrangers dans les colonies, 1785. p. 23 et suiv.

Aujourd'hui que l'agriculture du Midi n'est plus protégée contre les produits coloniaux que par des tarifs, que l'on veut sacrifier à ces produits l'agriculture du Nord, le droit colonial a-t-il été modifié, amélioré dans son principe? pas le moins du monde.

Si en 1842 l'agriculture est moins protégée qu'en 1785, les chaînes des colons n'en sont pas moins rivées de plus en plus au profit de l'industrie et du commerce des *ennemis nés de tous les privilèges*. Le commerce des ports a *le monopole* du commerce des colonies ; les raffineurs, le *monopole* du raffinage de leurs sucres. Autrefois, cependant, le colon pouvait raffiner son sucre et l'exporter directement à l'étranger ; autrefois, la défense de commercer avec l'étranger n'était point absolue (1).

---

(1) L'arrêt du conseil du 20 juin 1698 permet d'exporter à l'étranger les sucres autres que bruts.

— L'arrêt du 24 juillet 1708 accorde la même permission pour les sucres terrés et raffinés.

— L'arrêt du 27 janvier 1726 permet le transport des sucres terrés ou épurés, et autres marchandises des crûs des îles françaises directement pour les ports d'Espagne.

— Les lettres patentes d'octobre 1727 permettent également l'exportation directe pour les ports d'Espagne de toute marchandise autre que le sucre brut.

— Les arrêts des 26 mai 1736 et janvier 1737, permettent aux navires français d'aller en Irlande charger des bœufs et chairs salés, des saumons salés, beurres, suifs et chandelles, pour transporter directement aux colonies françaises.

— L'arrêt du 25 avril 1778 permet aux navires étrangers neutres de fréquenter les colonies françaises.

— Une lettre ministérielle du 27 juin 1784 autorise pour Saint-Domingue, l'admission des américains du Nord à commercer pour certaines marchandises.

— Enfin l'arrêt du 30 août règle le commerce des colonies avec l'étranger.

Donc, le principe qui a présidé à la création de nos colonies n'est point changé; si on s'est relâché de ses rigueurs pour les uns, on les a accrues au profit des autres; il est donc vrai de dire, que si l'armateur a droit au monopole du transport des denrées coloniales, que si le négociant des ports a droit au monopole de leur commerce, que si le raffineur a droit au monopole du raffinage des sucres des colonies, que, si enfin le cultivateur fabricant d'eaux-de-vie a droit d'être protégé contre la concurrence du rhum et du taffia, le cultivateur fabricant de sucre a un droit incontestable à être protégé contre la concurrence du sucre exotique.

En vain les colons invoquent-ils contre nous l'article 2 de la Charte qui dispose : que les français « contribuent indistinctement, dans la proportion de leur fortune, aux charges de l'état. » En supposant à cet article le sens qu'ils lui donnent (1), nous leur dirions encore qu'il n'y a rien de commun entre la Charte

---

(1) « La contribution indistincte qu'il (l'art. 2 de la charte) garantit aux citoyens, n'emporte nullement une égalité de taxation sur les denrées. A l'égard des produits coloniaux, il en existe d'autres que le sucre qui sont plus imposées que les similaires de l'intérieur·les spiritueux coloniaux, par exemple, paient 20 francs par hectolitre de droit de douane en sus des droits généraux de consommation auxquels ils sont soumis ensuite dans l'intérieur, » — bien plus, l'égalité des droits de douane sur les provenances des colonies respectives n'existe même pas et n'a jamais existé ; le gouvernement français, comme tous les autres gouvernemens sans exception, et d'ailleurs en vertu de l'art. 64 de la charte portant que les colonies sont régies par des lois particulières, a toujours été souverainement maître d'imposer diversement les denrées coloniales, selon la situation ou les circonstances de chaque colonie; et sans en chercher *les cent exemples qu'on en pourrait trouver*, il suffira de citer le sucre même... » — « Concluons que l'art. 2 de la charte n'empêche pas que le sucre colonial ne soit différemment taxé que l'indigène; que les colonies, en plaidant leur cause dans ce débat, ne se prétendent donc plus fondées en droit. « (M. Molroguier 1840 p. 103 et suiv.)

et les colonies; qu'ils ne peuvent pas plus l'invoquer contre nous, que leurs nègres ne peuvent l'invoquer contre eux, sous le prétexte qu'en France tous les hommes *sont égaux* devant la loi.

Enfin, n'est-il pas évident que, si les produits similaires des colonies et de la métropole devaient être également imposées, les spiritueux coloniaux ne paieraient pas 20 francs de plus par hectolitre que ceux de la métropole. Si ce prétendu droit d'égalité existait, à *fortiori* il serait applicable aux colonies entre elles et on sait que cela n'est pas. Ne serait-il pas plaisant, ou plutôt absurde, de soutenir que le cultivateur du département de l'Aisne a moins de droit que le colon de Bourbon à être protégé contre les produits de la Martinique et de la Guadeloupe.

§ III.

INTÉRÊTS DE L'AGRICULTURE.

Si on en croit nos adversaires, la culture de la betterave ne peut être développée par la fabrication du sucre, que dans quelques départemens privilégiés ; — dans ces départemens mêmes elle est nuisible à l'agriculture ; — partout ailleurs, elle est un obstacle aux débouchés agricoles. — Ces objections sont graves, heureusement il est facile d'y répondre.

Le développement de la culture de la betterave, par la fabrication du sucre, est-elle impossible ailleurs que dans quelques départements privilégiés?

La fabrication du sucre s'est développée d'abord dans le Nord de la France, parce que, comme l'a très-bien dit M. de Dombasle (1), la population agricole y possédait d'avance l'habitude des procédés et des soins qui sont indispensables à la réussite de la culture de la betterave. Il en a été de cette culture, ce qu'il en est de toute culture nouvelle. Le Nord a paru d'abord monopoliser la betterave, comme les prairies artificielles, comme les graines grasses qui ne sont arrivées dans les autres départemens qu'en gagnant de proche en proche.

En 1828 on fesait du sucre dans....... 15 départemens.
En 1830 on en faisait dans.......... 26
En 1836 dans.................... 37
En 1837 dans.................... 44
En 1838 dans.................... 54

Et malgré l'impôt qui est venu arrêter l'essor de cette industrie, on en faisait encore :

En 1839 dans.................. 39
En 1840 dans.................. 40
En 1841 dans.................. 37

En tout, 67 départemens ont ou ont eu des fabriques.

Le nombre total des fabriques était en 1828 de 58
En 1830 de 133
En 1836 de 436
En 1837 de 585
En 1838 de 573
En 1839 de 420
En 1840 de 389
En 1841 de 398 (2).

(1) De l'impôt du sucre indigène, décembre 1837.
(2) Voir le tableau n° 1.

5

On voit que l'industrie du sucre indigène, si elle eût été protégée comme la houille , comme les fers , comme les toiles ,
comme toutes les industries nationales , ou si seulement elle
n'eut pas été frappée trop tôt d'un droit exceptionnel , on voit ,
disons-nous , que l'industrie du sucre indigène , se serait développée sur presque tout le territoire français, loin de se concentrer dans le Nord.

En vain dirait-on que le sol du Nord peut seul produire la
betterave avec avantage, il est au contraire vrai de dire que les
départements du centre et de l'ouest sont *éminemment propres*
à cette culture ; que dans les départemens méridionaux la qualité
de la betterave y est la même que dans le Nord, et que sa culture, non seulement , n'y est pas plus difficile , mais encore y
est tout aussi profitable (1).

---

(1) M. De Vuitry disait le 22 mai 1837 à la chambre des députés :
« L'industrie a dû , à sa naissance , se concentrer dans les localités où la
perfection de la culture semblait l'appeler d'abord ; mais ce fait , qui , de
plus en plus, deviendra exceptionnel, est un motif de plus pour chercher
à la disséminer et à la répandre , au lieu de la circonscrire et de la can-
tonner. » « Nos départemens du centre et de l'ouest , dont l'agriculture
est généralement assez arriérée, sont *éminemment propres* à la culture
de la betterave, *elle y rendrait d'immenses services.* » (Moniteur).
M. Blanqui , dans son cours d'économie politique (7 janvier 1837),
disait que : « Cette industrie est encore loin d'avoir pénétré partout,
d'être arrivée au degré de développement *auquel elle est destinée à
parvenir.* » (Moniteur industriel).
Un journal de Marseille (Annales provençales d'agriculture , avril et
mai 1837) soutient qu'il est faux que la qualité de la betterave ne soit pas
la même dans le midi que dans le nord; les expériences faites *depuis
Toulouse jusqu'en Provence* donnent un brillant démenti à ces assertions ; il est faux que la culture de cette racine soit *plus difficile dans
le midi.*
La société d'agriculture de l'Hérault a publié le résultat d'expériences
qui prouvent que, *dans les environs de Montpellier ,* les betteraves
donnent *une quantité de sucre égale* à celle que fournissent les bette-

Si donc, la culture de la betterave ne s'est pas développée comme on devait s'y attendre, partout ailleurs que dans le Nord, c'est à une autre cause qu'il faut l'attribuer, et cette cause n'est pas difficile à trouver.

En 1829, M. de Saint-Cricq, ministre du commerce, disait qu'il considérait comme *une grande faute de faire porter l'impôt sur les sucres de betteraves avant que l'industrie qui les produit ait pu grandir, se compléter et accomplir toutes ses conditions de succès* (1).

En 1836, M. Duchatel, ministre du commerce, disait aussi que malgré la perturbation apportée par la fabrication du sucre dans notre système économique et financier, *on ne peut vouloir en comprimer l'essor* (2).

En 1836 et 37, les conseils-généraux des départemens appelés à se prononcer sur la question de l'impôt, émirent des vœux, au nombre de 39, savoir :

---

raves du Nord. Le sucre est *de la plus belle qualité* ; la manipulation ne présente *aucune difficulté particulière à ces contrées.* (Bulletin de février 1837.)

On peut lire dans le *Siècle* (13 mai 1837), une pétition de Bourgoin (Isère) signée par 400 électeurs, conseillers municipaux, magistrats, propriétaires etc. « Témoins de l'heureuse révolution que la nouvelle industrie opère dans l'agriculture. »

Dans l'enquête de 1839 (p. 73 et 74, faite par la commission de la chambre des députés, un agriculteur du midi expose « que la culture a été introduite depuis peu dans les départemens des Bouches-du-Rhône et de la Drôme. » Nous y avions autrefois des jachères, dit-il, aujourd'hui nous y avons une culture de plus et le paupérisme de moins. »

(1) Chambre des députés, 21 mai 1829.

(2) Note lue aux conseils généraux de l'agriculture, des manufactures et du commerce, 19 janvier 1836.

Favorables au sucre indigène............ 53

Favorables au sucre colonial............. 2

Favorables au sucre étranger............ 2

51 votèrent contre l'impôt, savoir :

1	dans la région	nord-ouest.
7	—	nord.
8	—	nord-est.
3	—	ouest.
4	—	centre.
5	—	est.
2	—	sud-ouest.
1	—	sud.
2	—	sud est.
51	(1)	

Les 53 conseils favorables au sucre indigène représentaient une étendue de plus de 21 millions d'hectares, c'est-à-dire moitié environ de la France et 13 millions de population ou à peu-près 1|3 de la population totale (2).

Cependant on imposa l'industrie indigène, et on le fit con-trairement à ce qu'avaient voulu MM. de Saint-Cricq et Duchâtel, avant qu'elle ait pu *accomplir toutes ses conditions* de succès, et dans le but non seulement d'en *comprimer l'essor* mais même d'en *réduire* la production. Le dernier rapport de M. Dumon (du Lot) en fait foi (3).

(1) Analyse des votes des conseils généraux. — Voir le tableau n° 2.

(2) Voir le tableau n° 3.

(3) Il a été unanimement admis, dit M. Dumon, toutes les fois que cette question a été discutée, que les colonies devaient trouver sur le marché métropolitain le placement, à un prix suffisant, des sucres qu'elles produisent. » (p. 3). — « La loi du 18 juillet 1837, qui établit le pre-mier impôt sur le sucre de betterave, *eut pour objet de réduire la fa*-

Et c'est alors que le législateur a frappé sciemment trop tôt la sucrerie indigène d'un droit qui devait *réduire* sa production au profit du sucre colonial, c'est alors qu'il a atteint son but, qu'on reproche à l'industrie de ne pas se développer. C'est alors que le département du Nord n'a plus que 160 fabriques, de 226 qu'il avait; que le Pas-de-Calais de 158 est réduit à 81, l'Aisne et la Somme de 51 à 58; c'est alors qu'on soutient que ces départemens seuls sont propices à la culture de la betterave : apparemment parce que la Charente-Inférieure a 5 fabriques au lieu de 7; la Côte-d'Or, 6 au lieu de 7; la Drôme, 2 au lieu de 3; l'Isère, 5 au lieu de 15; le Loiret, 3 au lieu de 4; la Meurthe, 4 au lieu de 7; et ainsi de suite. Comme si l'on ne devrait pas s'étonner, au contraire, qu'il en existât encore dans ces départemens qui n'ont pas eu, comme ceux du Nord, le tems de protection indispensable à toute industrie nouvelle; et comme si ce fait même n'était pas la preuve que, dans tous ces départemens, l'industrie sucrière est tout aussi viable que dans le Nord.

Qu'on ne fasse donc plus à la sucrerie indigène un grief de ne pas se développer, alors qu'on le lui défend sous peine de mort; qu'on ne dise donc plus que son développement est impossble ailleurs que dans le Nord, alors que les lois de *restriction* l'ont frappé là surtout. Qu'on ne dise donc plus que le sucre indigène n'est qu'un intérêt particulier à quelques départemens

---

brication indigène. » (p. 4.) — « Comme le législateur de 1837, comme le législateur de 1840, elle (la commission) a cru qu'on pouvait établir entre les conditions fiscales des deux industries une pondération qui assurât un débouché avantageux à l'industrie coloniale, et *renfermât dans de justes limites l'industrie indigène.* » (p. 7.)

alors que la loi seule empêche avec intention cette industrie de se développer partout ailleurs (1)

La culture de la betterave est-elle nuisible à l'agriculture?

Sans nous arrêter à rappeler que le gouvernement d'abord et les chambres toujours (aussi bien que les conseils généraux de département, comme nous venons de le voir) ont considéré la sucrerie indigène comme un utile auxiliaire de l'agriculture (2), nous allons démontrer, à l'aide de documens officiels, la fausseté des assertions de nos adversaires.

---

(1) Il est curieux de faire voir que nos adversaires, sans s'inquiéter de tomber en contradiction avec eux-mêmes, font l'industrie indigène tantôt chétive et tantôt puissante; chétive, pour démontrer qu'elle n'est qu'un intérêt particulier, puissante, pour démontrer qu'elle doit détruire la sucrerie coloniale.

M. Ch. Dupin, dans son discours aux conseils généraux de 1841, revient encore sur la concentration invincible des fabriques de sucre (p. 5), mais en terminant, l'illustre orateur déclare qu'il est impossible d'obtenir un équilibre de succès entre deux industries rivales et similaires dont 'une (celle de la betterave) « *Peut se développer sur un territoire immense* (p. 46). Qu'est-ce donc qu'une industrie forcément concentrée dans 4 départemens et qui peut cependant se développer sur un territoire immense ?

— Les députés des ports voient généralement dans la betterave, une plante destinée seulement à enrichir quelques fabricants et contre laquelle l'agriculture du nord même réclame ; mais le ministère refuse t-il de la détruire, oh ! alors il n'est guidé que par un intérêt électoral. C'est le reproche qu'on lui fesait dans la dernière session. M. Lestiboudois en a pris acte ; comme il l'a très bien dit, il en résulte que les ports reconnaissent que l'intérêt qu'ils représentent est bien moins général que les intérêts auxquels se rattache la betterave; car, dans une question électorale, on sacrifie le plus faible au plus fort, l'intérêt qui envoie le moins de députés à la chambre à l'intérêt qui en envoie le plus.

(2) — La fabrication du sucre « Se présente à l'agriculture comme *une utile auxiliaire*; elle lui offre de nouveaux moyens d'assolement, elle peu

Ces assertions consistent à reprocher à la betterave : 1° d'a-

---

contribuer à l'affranchir du mauvais régime des jachères, etc. (M. d'Argout, ministre du commerce 21 décembre 1832).

— Les membres de la commission de la chambre des députés ont été *unanimes sur la nécessité de conserver à la France une si belle industrie.* (Rapport de M. Dumon 5 juin 1836).

— « La fabrication du sucre de betterave a d'immenses avantages ; *elle s'unit aux travaux de l'agriculture,* à l'assolement des terres, à l'élève du bétail ; elle n'a besoin ni d'esclaves, ni de travaux obtenus par la contrainte ; elle est à l'abri d'une foule d'éventualités qui menacent toujours nos établissemens d'outre-mer. » (M. Duchatel, ministre du commerce, 19 janvier 1836).

— La fabrication du sucre indigène *est une précieuse conquête pour notre agriculture et notre industrie.*» (Id. ministre des finances, 4 janvier 1837).

— Il faut conserver à la fabrication du sucre indigène des prix de vente qui lui permettent de se maintenir et de se *développer.... il le faut..... dans l'intérêt de l'agriculture, qui fonde sur le développement de cette industrie s a meilleure espérance de progrès et de prospérité.* » (Rapport de M. Dumon 8 mai 1837)

— « La fabrication du sucre indigène intéresse à la fois l'agriculture, *dont elle est destinée à hâter les progrès et à étendre les profits,* et l'industrie dont elle est une des plus précieuse conquête: elle répand dans nos campagnes et parmi nos cultivateurs des notions-pratiques qui leur étaient restées étrangères ; elle propage l'aisance dans les classes inférieures, l'activité qu'elle apporte excite les intelligences et contribue aux progrès de l'instruction ; *sa perte n'affecterait pas moins la fortune publique* que les intérêts de ceux qui y sont dévoués. » (Rapport de M. Vivien 21 mai 1838).

— Je le déclare, *et c'est ma conviction bien sincère,* je regarde l'industrie sucrière comme une *conquête précieuse* pour notre pays..... cette industrie *a produit de grands biens,* je le reconnais ; elle a appelé les capitaux dans les campagnes, elle a appelé par les capitaux, l'intelligence qui manquait à nos campagnes. » etc. (M. Lacave Laplagne 23 mai 1837).

— Cette année (1842), l'accueil qu'ont reçu les membres du *comité conservateur de l'industrie du sucre indigène,* dans le sein de la conférence agricole de la chambre des députés, est une nouvelle preuve que là encore aujourd'hui on considère le sucre de betterave comme un bienfait pour l'agriculture ; aussi cette industrie doit elle être assurée de l'appui de cette réunion éminemment nationale, fondée par M. Defitt, de regrettable mémoire, qui le premier la présida et par M. Bonnin (de la Vienne) qui en est le secrétaire.

voir remplacé les cultures utiles ; 2° d'avoir augmenté le prix des denrées de première nécessité ; 3" d'avoir diminué le nombre des bestiaux ; 4° enfin d'avoir nui aux cultivateurs non fabricans soit par l'élévation du prix des baux, soit par l'élévation des salaires.

En 1815, le département du Nord avait ensemencé en blé. . . . .   94,256 hectares.

En 1835, époque de la plus grande extension de la betterave, il en avait ensemencé. . . . .   115,452 (1).

La betterave ne déplace donc point le blé. Loin de là, une pétition signée par plus de 100 cultivateurs non fabricans de l'arrondissement de Valenciennes, nous apprend qu'après la betterave on obtient 10 p. °|₀ de blé de plus qu'après toute autre récolte. Aussi la région du Nord avait elle en 1835 un excédant en céréales de 7 millions d'hectolitres sur tous ses besoins, c'est-à-dire de 2, 3 et 4 millions supérieur aux excédans des autres régions (2).

Le même département produisait
en 1815. . . . .   413,960 hecto. d'orge.
en 1835. . . . .   429,824 (3).

Comment se fait il alors, dira-t-on, que les brasseurs de Valenciennes se soient plaint, ce dont nos adversaires ont fait grand bruit; le voici : la production de la bière, à cause de l'aisance apportée dans le Nord par le sucre, a considérablement

---

(1) Archives statistiques 1837.
(2) Idem.
(3) Idem.

augmenté, et le prix en est resté stationnaire. La progression de la production de l'orge n'ayant pas suivi la progression de la fabrication de la bière, il en est résulté une perte pour les brasseurs, mais pour eux seuls. L'agriculture y a gagné, et en vendant l'orge à un prix plus élevé et en en produisant davantage , — par exemple :

La Seine-Inférieure produisait

en 1815..................... 110,030 hectolitres.
et en 1855................... 249,000 (1).

Si la betterave n'a déplacé ni l'orge , ni le blé , dans le département du Nord , elle aura déplacé au moins la pomme de terre.

On en avait planté en 1815........ 10,026 hectares.
On en planta en 1855............ 13,065 (2).

Qu'a donc fait la betterave dans le Nord ? elle a supprimé les jachères (il y en avait encore quand elle y arriva); elle a remplacé le colza. C'est un reproche qu'on lui fait, mais bien à tort. Le cultivateur du Nord a trouvé dans la betterave une culture plus lucrative que dans le colza , tandis que l'agriculture des départemens voisins et même des départemens éloignés s'est enrichie de la culture délaissée par le Nord. Le Nord y a gagné; la Seine-Inférieure qui cultive aujourd'hui plus de colza y a gagné également, et la Vienne ne ferait peut-être pas encore de colza si le Nord n'avait pas fait de betterave.

Après avoir démontré que la betterave n'a supprimé aucune

(1) Archives statistiques , 1837.
(2) Idem.

culture il est superflu de prouver qu'elle n'a point fait hausser
les prix des produits du sol. Si pourtant il se trouvait des incré-
dules, nous les renverrions aux documens officiels : ils y verraient que le prix moyen du blé dans le département du Nord
était supérieur à celui de toute la France quand on commen-
çait à faire de la betterave et qu'il était inférieur quand la fabrication avait pris sa plus grande extension (1).

En 1828, prix moy, p. toute la France 22 f. 63, p. le dép. du Nord 22 f. 15
En 1829,	—	22	59,	—	25	84
En 1833,	—	16	62,	—	15	09
En 1834,	—	15	25,	—	13	60
En 1835,	—	15	25,	—	15	00

L'augmentation de l'importation des bestiaux dans le Nord a
été un instant considérée comme une preuve de la diminution
de l'élève du bétail dans ces départemens ; on sait aujourd'hui
que la nécessité d'une culture plus soignée et le besoin de fu-
miers a fait augmenter dans les fermes le nombre des bestiaux
et introduire les bœufs de travail; que de plus, une plus grande
aisance dans le peuple a occasionné une plus grande consommation de viande ; il n'est donc pas étonnant qu'il ait fallu re-
courir à l'étranger (2).

----

(1) Archives statistiques, 1837.
(2) Enquête de 1839 sur les sucres. — Délégués de l'agriculture.
D. Dans quelle proportion votre bétail s'est-il augmenté depuis que
vous cultivez la betterave ?
« R. Ma ferme a une étendue de 120 à 130 hectares.... J'avais 100
moutons qui mouraient de faim dans l'été ; je puis en nourrir maintenant 400. J'avais 10 à 12 vaches ou bœufs, j'en ai 20. J'avais 15 chevaux, j'en ai 25 maintenant (p. 76).
« D. (A un agriculteur du midi.) Vos bestiaux ont-ils augmenté.
» R. Je puis citer une ferme dans laquelle ils ont augmenté dans le
rapport de 10 vaches à 50 bœufs.
— « Quant aux bestiaux, il est certain que la betterave en a fait

45

Cependant M. Ch. Dupin, qui reconnaissait avec nous l'importance de la pulpe de betterave pour la nourriture des bestiaux,
a subitement changé d'avis (1); répondant aux orateurs qui *s'i-
maginent*, dit-il, *comprendre* l'agriculture métropolitaine et
qui soutiennent que la sucrerie indigène est d'un immense
avantage pour la multiplication du bétail, il déclare que *cet
immense avantage est tout simplement une déception immense*. Nous ne suivrons pas M. Dupin dans son analyse de la
pulpe, qu'il décompose en parties nutritives, parties ligneuses,
etc., etc., etc. Nous lui ferons seulement observer que tout
homme qui ne *s'imagine* pas *connaître* l'agriculture, mais
qui la connait réellement, sait : 1° que 1 kilog. de pulpe, par
cela seul que les parties nutritives restantes sont dégagées de
l'eau qu'elle contenait, vaut mieux pour la nourriture des bestiaux que 1 kilog. de betterave ; avantage donc quant à la qualité ; 2° qu'un hectare de terre planté en betterave produit en
pulpe, 1|3ᵉ 1|4ᵉ 1|8ᵉ de plus, suivant la localité, qu'un hectare
de terre planté en tout autre espèce de nourriture, avantage donc
quant à la quantité.

Il résulte de là que, supposé toutes les prairies artificielles
détruites par la betterave (ce qui n'est pas vrai), elle offrirait en-

nourrir un plus grand nombre par ses pulpes, qui se conservent toute
l'année en silos ; et s'il est vrai qu'ils aient enchéri, c'est une nouvelle
preuve de l'aisance que l'industrie a répandue, puisqu'il est évident que
la consommation a fait plus de progrès que la production. » (Rapport
du général Bugeaud, 1840. p. 15.)

(1) « On apprécie, disait-il en 1836, avec une juste raison l'emploi du
résidu des betteraves, feuilles et pulpes, pour la nourriture des animaux
domestiques. » (Discours aux trois conseils-généraux, p. 5) — « Je
prétends, je déclare, disait-il en 1841, que cet immense avantage est
tout simplement une déception immense. » (Discours aux trois conseils
généraux, p. 6.)

core à l'agriculture un avantage réel tout en accroissant la richesse du pays ; car la betterave, donnant deux récoltes à la fois, dont une en nourriture pour le bétail, égale au moins à toute récolte analogue, l'autre récolte, celle en sucre est incontestablement une richesse acquise, qui se repartit entre tous, et spécialement entre les propriétaires et les ouvriers.

Que dire maintenant de l'élévation du prix des baux et des salaires ? que l'un a profité au propriétaire, l'autre à l'ouvrier, sans nuire à personne. Ce fait déjà affirmé par la Société d'agriculture de Valenciennes (1), l'est également par les cultivateurs non-fabricans de cet arrondissement (2), où le prix des

---

(1) « La location des terres a doublé et la main-d'œuvre aussi.... Nous soutenons que c'est un bienfait : le propriétaire s'est enrichi, l'ouvrier qui manquait du nécessaire vit dans l'aisance, et personne n'en a souffert. Le consommateur ne peut, en effet, se plaindre ; car le prix du sucre a baissé de plus de moitié. L'ouvrier, comme nous le disons, y a gagné de l'aisance, et *le cultivateur non-fabricant en a profité.* » — « En vain soutient-on que le voisinage des sucreries a fait tort au petit cultivateur : grand ou petit *il y a gagné....* Il y a eu *profit pour tout le monde :* pour le riche comme pour le pauvre, pour le cultivateur comme pour l'ouvrier. » (Société d'Agriculture de Valenciennes, 1841.)

(2) « Nous avons passé des baux à des prix élevés sur la foi du droit de nationalité donné par le Gouvernement au sucre indigène, parce que cette industrie nous permet de faire par la betterave une culture profitable ; parce que nous récoltons après cette racine des blés plus propres ; parce que nous produisons alors 10 p. o⁄o de plus qu'après toute autre récolte ; parce que ce blé pèse plus que tout autre et qu'il nous est acheté par les meuniers 4 p. o⁄o plus cher ; parce qu'enfin nous avons des pulpes qui nous permettent d'augmenter considérablement nos engrais. » (Pétition des cultivateurs non-fabricans de l'arrondissement de Valenciennes, 1842. » — Une pétition de février 1842 pour la conservation du sucre indigène écrite dans le même sens, a été signée par un grand nombre de cultivateurs également non-fabricants des arrondissements de Lille et Douai (Nord) et aussi du Pas-de-Calais.

baux et des salaires ont doublé. Si on n'en croit pas ceux-là mêmes qu'on présente comme victimes, il faut renoncer à dire la vérité (1).

La fabrication du sucre enlève-t-elle à l'agriculture ses débouchés?

Il est admis que nous exportons annuellement aux colonies à sucre pour 50 millions de nos produits. Toutefois, on voit dans l'enquête de 1829, par le rapport de M. d'Argout, que ce chiffre n'a pas paru incontestable à la commission; on y a demandé, « s'il est matériellement possible que 42 mille blancs, et 238 mille esclaves consomment pour 50 *millions de marchandises* (2). »

M. J. Galos, délégué de la chambre de commerce de Bordeaux, soutenait à la même époque que nos exportations ne s'élevaient qu'à 28,000,000 francs (5), et son assertion paraît

---

(1) Voir la fin du § VII.
(2) Enquête de 1829.
(3) M. Galos calcule qu'en moyenne les colonies ont vendu à la métropole : en sucre pour .... 42,000,000 fr.
En café pour 6,000,000
En autres objets 3,000,000
            Total..... 51,000,000

« Si de cette somme on retranche, dit-il,
10,000,000 fr. au moins qui restent annuellement en mains des propriétaires colons qui habitent la Métropole.
6,000,000 qui, en commune, sont expédiés chaque année, en numéraire, pour les colonies.
4,000,000 pour frêt et assurance des valeurs que nous leur expédions
3,000,000 pour intérêts, commissions ou bénéfices.

23,000,000   Ensemble...... 23,000,000

« On trouve que nos importations sont soldées par une valeur, en produits du sol ou de l'industrie, de.. 28,000,000
« C'est donc à 28,000,000 fr. que se bornent nos exportations annuelles

fondée si on la rapproche des documens officiels publiés par M. Duchâtel. Il en résulte, en effet, qu'il n'est arrivé dans nos colonies à sucre de 1823 à 1832 en moyenne annuelle que pour 32 millions de francs de marchandises françaises, tandis qu'il en aurait été exporté à cette destination pour 46 millions, suivant d'autres documens également officiels (1). Nous laissons à d'autres le soin d'expliquer cette différence de 14 millions ; nous ferons seulement observer que si la constatation aux colonies se fait : valeur sur les lieux de débarquement, il faudrait tenir compte de l'augmentation de valeur due et aux frais de transport et à l'avantage du monopole; à cette occasion, M. de Jabrun se plaignait que les colons avaient à supporter sur la totalité de leurs approvisionnements une augmentation de prix qu'il n'évalue pas moins qu'à 12 millions de francs (2).

Après avoir soulevé des doutes qui ne sont pas sans fondement sur la réalité des 50 millions d'exportation pour nos colonies à sucre, voyons, en supposant cette exportation réelle, quelle part y a l'agriculture. Nos adversaires ne sont pas d'accord sur ce point ; la part de l'agriculture serait de 23 à 24 millions suivant M. Ch. Dupin, de 19 suivant MM. les délégués des ports (3); les objets exportés sont surtout, les céréales, les bestiaux, les vins.

Les céréales. Nous en exportons, nous dit M. Ch. Dupin

---

pour nos colonies à sucre, et elles ne peuvent dépasser cette somme : vouloir leur donner une appréciation plus élevée serait vouloir mettre l'erreur à la place de la vérité » (Observations soumises à la commission d'enquête de 1829, p. 79 et suiv.)

(1) Documens statistiques 1835. — Statistiques de la France (commerce extérieur). — Voir le tableau no 4.

(2) Enquête de 1836.

(3) Conseils généraux de 1836 — pétition des ports, 2 janvier 1839.

pour 2,000,000 fr. annuellement; sur ces 2,000,000 plus de 1,900,000 fr. sont soldés par le commerce des colonies à l'agriculture de l'*Ouest* et du *Midi*.

En supposant ces faits parfaitement exacts, nous ferons remarquer que si le Midi produit en céréales 900,000 hectol. de plus que sa consommation, et l'Ouest 3,000,000, la production du Sud-Ouest et du Sud-Est ont un déficit de 4,000,000; de sorte que ces 4 régions, groupées au Midi de la France, offrent une compensation à peu près exacte de production et de consommation (1).

L'agriculteur de l'Ouest et du Midi a-t-il intérêt à vendre ses céréales aux colons plutôt qu'aux habitans du Sud-Ouest et du Sud-Est, c'est ce qu'il nous est difficile de croire. Mais le négociant des ports (celui qui trafique avec les colons) y a un véritable intérêt, car les colons paient les farines de France 80 p. $^o/_o$ de plus que les farines d'Amérique, ce qui leur impose de ce chef seulement une augmentation de dépense de 1,200,000 francs (2). Qui en profite? Ce n'est certainement pas l'agriculture.

Le bétail. Ch. Dupin dit bien que l'Ouest et le Midi exportent aux colonies des chevaux, des mulets, du bétail ; que Nantes et Bordeaux exportent des viandes préparées et salées; mais il ne dit pas que si nous exportons de ces viandes

pour.	980,000 fr.
En chevaux, mulets et bestiaux, pour.	800,000
Total pour les colonies.	1,780,000
En tout pour	7,000,000,

(1) Archives statistiques 1837.
(2) Enquêtes de 1836 et 1837.

nous tirons de l'étranger pour 10 millions de chevaux et bestiaux ; que par conséquent, notre agriculture, sous ce rapport, reste tributaire de l'étranger de 3 millions au moins (1). On comprend que Nantes et Bordeaux aient intérêt à exporter en tout état de cause, mais que l'agriculture ait intérêt à envoyer à l'étranger ce dont elle manque, on le comprend plus difficilement.

Les vins. M. Ch. Dupin a fait grand bruit des débouchés que nos colonies offrent aux produits de nos vignobles (2). Pour réduire à leur juste valeur ces plaintes exagérées , on a dit que (3) M. de Morogue, dans le nouveau dictionnaire de l'agriculture au mot impôt, évalue pour 1831 , la consommation de la France en vins à . . . .   34,196,345 hectolitres.

En eaux-de-vie à   852,926

La même année nous avons exporté
aux 4 colonies, en vins   73,090

En eaux-de-vie   1,441

La proportion est donc :
pour les vins de . . . .   1|464e de notre consommation .
pour les eaux-de-vie de . . .   1|392^e

C'est-à-dire , que nos exportations, dans les 4 colonies , se bornent, en vins, à moins de 1|4 de la consommation moyenne d'un de nos 86 départemens, et à peu près à 1|7e en eaux-de-vie.

M. Ch. Dupin sait très-bien, et le démontre à l'évidence , quand il n'est pas préoccupé de son antipathie pour la bette-

(1) Tableau général du commerce 1835.
(2) Conseils généraux de l'agriculture etc. 1836.
(3) Observations des fabricants de V..l nciennes 1839 p. 42.

rave, que les débouchés vrais, réels des vins sont à l'intérieur ;
que d'ailleurs les exportations augmentent ; qu'enfin, le mal,
pour cette branche importante de notre agriculture, n'est pas
dans les barrières de la douane, mais dans celles des contribu-
tions indirectes.

Dernièrement encore, M. Dupin prouvait que « l'importation
des vins ordinaires pour toutes les parties de la France autres
que la Gironde, a presque tiercé, dans l'intervalle de 13 années
(de 1824 à 40). » — « Je ferai remarquer, ajoutait-il, que
si l'exportation des vins communs de la Gironde est stationnaire,
la vente de ses vins dans l'intérieur de la France, en Bretagne,
en Picardie, dans les Flandres françaises.... s'accroît à mesure
que la population augmente. » — Il prouve qu'en 1840 il est
sorti des ports de la Gironde :

Pour la France.............   99,638,200 litres de vins.
Pour l'étranger   48,168,244

« Donc, dit-il, la France tire *par mer* de la Gironde
deux fois autant de vins qu'en tirent tous les peuples de la
terre (1). »

Nous pourrions ajouter avec M. de Dombasle (2), que ce
n'est pas dans l'exportation, dans le commerce extérieur, mais
dans le développement des industries intérieures que l'industrié
vinicole doit trouver un plus grand débouché pour ses produits.
Nous pourrions avec lui faire l'application de ce principe à
l'industrie sucrière, comme la chambre de commerce de Rouen
le fesait en 1854, aux tissus, pour répondre aux demandes d'in-

(1) Chambre des pairs 23 mai 1842 — (*Moniteur*).
(2) De l'avenir de la France, 1835.

4

troduction des Bordelais (1), et nous le pourrions avec d'autant plus de droit que :

Les contributions indirectes, de 1831 à 36 ont augmenté dans le département du Nord de . . . .   33 p. °|₀
et dans l'arrondissement de Valenciennes de . .   50 p. °/₀ (2)
Tandis que la moyenne pour toute la France
a été de . . . .   17 1/4 p.°/₀ (3)

Au surplus, l'exportation des vins va toujours croissant :

En 1841, elle était de . . . .   1,478,592 hect.
En 1840, de   1,333,581
                                                           ———————
                  Augmentation   144,811   (4)

Il nous paraît donc démontré que les débouchés fournis par le commerce colonial à notre agriculture sont parfaitement in-signifians, et que d'ailleurs ils n'ont aucunement souffert de la

---

(1) « Nous demanderons d'abord aux propriétaires des départements vignobles..... dans un gouvernement constitutionnel, où l'on doit adopter ce qui favorise les intérêts du plus grand nombre, faut-il sacrifier aux intérêts vignobles, les intérêts des autres industries qui sont les plus nombreux ? » — « Et si l'on veut comparer ce qu'était, il y a 40 ans, la consommation des vins et eaux-de-vie dans les départemens où l'industrie des *tissus et filés* est répandue, avec ce qu'elle est aujourd'hui, il sera facile de reconnaître qu'elle a éprouvé une augmentation telle, qu'il est permis de douter si le plus grand débouché que les liquides trouveraient au dehors, par suite de l'admission en France des *tissus* étrangers, balanceraient le déficit dans la consommation de nos départemens industriels où cette introduction calamiteuse aurait tari les sources de prospérité et d'aisance pour les chefs, les artisans, les nombreux employés et ouvriers vivans de cette industrie. » (Enquête de 1834, p. 86).

(2) Société d'agriculture de Meaux, 21 novembre 1836.—M. Dumont (du Nord) ch. des députés, 25 mai 1837 (*Moniteur*).

(3) Enquête de 1836.

(4) Moniteur du 7 juillet 1842.

production du sucre indigène ; et , en effet, comme on le verra plus bas, nos relations avec nos colonies n'ont pas diminué. En vain dirait-on qu'elles auraient pu s'accroître plus qu'elles ne l'ont fait ; c'est une erreur. Là où la population est bornée, la consommation ne peut être indéfinie.

Ainsi la betterave : — enrichit l'agriculture partout où elle s'implante ; — elle peut, si on ne l'en empêche , s'implanter presque partout en France ; — elle n'a , en aucune façon , diminué les exportations agricoles aux colonies ; — et ces exportations, qui enrichissent quelques négocians, peuvent cesser, sans inconvénient pour l'agriculture. Voilà la véritable position de la partie agricole de la question.

§ IV.

INTÉRÊT DU COMMERCE EXTÉRIEUR EN GÉNÉRAL ,
DU COMMERCE MARITIME, — DU COMMERCE COLONIAL.

Les ports croient sans doute que leurs cris, leurs injures, leurs menaces (1) doivent tenir lieu d'argumens ; ils espèrent enterrer

---

(1) Les négocians de Bordeaux appellent les fabricants de sucre indigène des *fabricateurs* de sucre , et les négocians du Hâvre veulent les flétrir du nom de *Coterie*. (Pétition de la chambre de commerce de Bordeaux 1838. — Première lettre aux délégués du Hâvre 21 mai 1837.
— « On conçoit, dit la chambre du commerce de Dunkerque, que la chambre élective , qui représente plus spécialement les localités , soit influencée, à son insu , par cette foule d'intérêts privés, dont les incessantes sollicitations absorbent et captivent son attention au point de l'empêcher quelquefois d'apercevoir la sommité des questions. Chaque député d'ailleurs , quand il s'agit d'intérêts matériels, est plus ou moins

la vérité au bruit des démissions de leurs chambres de commerce ; ils n'y parviendront pas. Il doit rester prouvé, quoi qu'on en dise, que le sucre indigène n'a nui ni à notre commerce d'é-

enlacé dans les liens du mandat qu'il tient de son élection..... il appartient à la chambre des pairs de se placer à un point d'observation plus élevé, d'embrasser la généralité des intérêts du pays ; de juger la question, non en mandataires de telle ou telle industrie, mais en hommes d'état. » (Pétition de juin 1837).

—Le langage des propriétaires de vignes de la Gironde est plus remarquable encore : « Si contre notre attente, disent-ils, nos vœux ne sont pas entendus; si nos besoins ne sont pas compris; si, par un fatal aveuglement, on croyait ne pas pouvoir priver le Nord et ses industries manufacturières de cette protection spoliatrice qui dote largement les uns de ce qu'elle arrache violemment aux autres ; s'il était matériellement démontré que la législation actuelle est inhabile à concilier les intérêts opposés des contrées septentrionales et du midi ; dans ce cas, nous devrions le déclarer hautement, il ne serait de salut pour nos provinces que dans la création d'une ligne de douanes intérieures, qui, sans les soustraire à l'unité gouvernementale, laisserait à ces deux parties de la France les conditions de leur existence agricole et manufacturière. Alors, comme autrefois, le Nord se trouverait garanti contre l'invasion des produits exotiques ; aux élémens de sa prospérité, ne serait plus attaché le principe de notre ruine. Cette mesure, la prudence l'indique à la sagesse du pouvoir ; c'est à lui de prévoir et de conjurer les catastrophes qu'amènerait l'incompatibilité des intérêts matériels au sein d'une même nation L'histoire de nos jours ne montre-t-elle pas cette incompatibilité soulevant la Belgique contre la Hollande, la Caroline du Sud contre l'union fédérale de l'Amérique ? *de si graves événements contiennent de profondes instructions* dont notre patriotisme s'alarme, que notre patriotisme livre à la méditation des hommes qui nous gouvernent.

« Déjà des paroles solennelles, puisqu'elles descendaient de la tribune nationale, avaient, dès 1823, dévoilé les dangers du système que nous combattons encore aujourd'hui.

» A cette époque, un honorable député de Bayonne disait, *et nous terminerons en répétant avec lui* :

« Si, par suite de prédilections envers une partie du royaume, l'autre
« se trouve tellement lésée, que son existence naturelle et raisonnable en
« soit réellement compromise, l'inévitable pensée qui s'empare de ceux
« qui souffrent à ce point, c'est de *renoncer à une association dont*
« *les effets sont devenus intolérables.* »

(Enquête de 1834, t. 1, p 56).

change en général, ni à notre commerce maritime, ni même à notre commerce colonial; et que, de plus, ce dernier est loin d'avoir toute l'importance qu'on veut bien lui attribuer aujour-d'hui.

La valeur de notre commerce extérieur était :

En 1825 de   1,200,900,000 fr.
En 1830 de   1,211,000,000 fr. Augment.   10,100,000 fr.
En 1835 de   1,595,100,000   384,100,000
En 1840 de   2,063,200,000   468,100,000

De 1825 à 40 (en 15 ans) la valeur de notre commerce d'échange a donc aug-menté de......................   862,300,000 fr.

Dont pour les 5 dernières années seu-lement (35 à 40)............   468,100,000
C'est-à-dire plus de la moitié (1).

Pendant 1840 seulement, il s'est accru de......................... ...   123,000,000 (2)

Le commerce, par terre, aurait-il pris dans ce progrès, plus que sa part? Nous allons en juger.

La valeur de notre commerce maritime était :

En 1825 de   797,400,000 fr.
En 1830 de   859,700,000 fr. Augment.   62,300,000 fr.
En 1835 de   1,092,900,000..........   253,200,000
En 1840 de   1,481,100,000..........   388,200,000

De 1825 à 40 (en 15 ans) sa valeur s'est accrue de......................   683,700,000 fr.

Dont pour les 5 dernières années seule-ment (35 à 40)...................   388,200,000
C'est-à-dire plus de la moitié (3).

(1) Documens fournis par le ministre du commerce aux conseils gé-néraux 1841, p. 20.— Voir le tableau n° 6.
(2) Moniteur du 7 juillet 1842.
(3) Documens fournis par le ministre du commerce aux conseils géné-raux 1841, p. 20. — Voir le tableau n° 6.

Telle est la *situation déplorable*, l'état de *ruine* (1), auquel la betterave a réduit notre commerce extérieur !......

La bonne foi que le commerce des ports apporte dans la discussion va plus loin encore, quelque difficile à croire que cela soit. La législation qui nous régit, prétendent ses délégués, « limite notre commerce aux colonies que nous possédons (2). »

La valeur de notre commerce avec nos colonies sucrière a été :

En 1825 de..   88,500,000 fr.
En 1830 de..   93,300,000 fr. Augment.   6,800,000 fr.
En 1835 de..   104,200,000   8,900,000
En 1840 de..   106,400,000   2,200,000
                                      _____
De 1825 à 40 (15 ans)... ....   17,900,000 (3).

De là il faut conclure forcément 3 choses : 1° que le commerce avec nos colonies n'a pas cessé d'augmenter ; 2° qu'il a infiniment moins progressé que le commerce avec l'étranger ; 3° que, supposé que nous n'eussions pas eu nos colonies, notre commerce n'en serait pas moins dans un état satisfaisant de prospérité.

De 88 millions, en 1825, nos relations coloniales sont arrivées à 106 en 1840. Il n'y a évidemment pas là réduction,

_____

(1) Ce sont les termes de la pétition de la chambre du commerce de Bordeaux du 14 septembre 1838. — Et du mémoire du commerce des ports du 2 janvier 1839.

(2) Mémoire du commerce des ports 5 juin 1839, p. 3.

(3) Documens fournis par le ministre du commerce aux conseils généraux 1841, p. 20. — Voir le tableau n° 6.

conséquemment aucune diminution de débouchés pour notre commerce.

La progression est minime; le fait est vrai, mais il est inévitable. On ne peut développer son commerce qu'en raison de l'importance des lieux où on le fait, et la population excessivement restreinte de nos colonies est un obstacle insurmontable à tout développement important.

Jusqu'ici donc pas de perte pour notre commerce.

Supposons toutefois une perte, et la perte la plus grande possible, la suppression totale de nos relations avec nos colonies à sucre; qu'en serait-il résulté?

La valeur de notre commerce maritime
était pour 1840 de................ 1,481,100,000 fr.
La valeur de notre commerce colonial
de.......................... 106,400,000
Resterait donc................ 1,374,700,000 fr.
C'est-à-dire une augmentation de.... 377,300,000
sur 1825 (commerce étranger et colonial
compris);
Et même sur 1853 une augmentation de. 281,800,000

Et on soutient que *le commerce maritime est limité aux colonies!*..... Et si en 1856 un tremblement de terre les eut englouties, en 1840 nos ports n'en eussent pas moins fait pour 1,374,700,000 francs d'affaires au-dehors, c'est-à-dire pour 281,800,000 fr. de plus qu'en 1855.

Rien n'est moins étonnant; le commerce colonial est tellement restreint de sa nature, que sa valeur, qui était de 1826 à

29 en moyenne de 14 p. %, dans notre commerce extérieur *par mer* seulement, n'était plus en 1840 que de 7 p. % (1). C'est-à-dire que de 1829 à 1840, son importance, son intérêt pour nous a diminué de moitié ; d'où il faut conclure que la cessation de ce commerce aurait nui moitié moins à notre commerce maritime en 1840 qu'il ne lui aurait nui en 1829, « et il y a cela de remarquable, comme le dit M. Pommier, que chaque année cette proportion tend à décroître ; non pas que notre commerce colonial diminue, il est au contraire en progrès depuis 16 années, mais parce que nos relations avec les pays libres de l'Amérique du Nord et de l'Amérique du Sud deviennent plus faciles, plus nombreuses, et s'agrandissent chaque année sous la bienfaisante influence de la liberté (2). »

C'est ainsi que, de Paris seulement, les États-Unis ont reçu en 1841, pour 9,500,000 fr. de marchandises de plus qu'en 1840. Et la betterave a tellement nui au commerce parisien en général, qu'en 10 ans ses exportations se sont élevées de 60 millions à 140 (3).

---

(1) Documens fournis par le ministre du commerce aux conseils généraux 1841, p. 20. — Voir le tableau n° 6.

(2) Rapport au conseil général de l'agriculture 1842, p. 15.

(3) « Ce qui est important encore pour constater la situation commerciale de cette grande ville, c'est l'augmentation toujours croissante de la valeur des marchandises exportées de Paris. Cette valeur qui, en 1840, avait déjà atteint un chiffre si élevé, a continué de s'accroître ; et les exportations, pendant les 11 premiers mois de cette année (1841), se montent à 138,177,806 fr. C'est une augmentation de 15,856,852 fr. sur la période correspondante de 1840. En 1832, pour l'année entière, les exportations ne s'élevaient qu'à 66,911,055 fr. et, antérieurement à 1830, l'année la plus prospère n'a jamais dépassé 80 millions. En ce qui concerne les marchandises exportées, on remarque principalement l'accroissement sur les objets d'industrie parisienne, environ 52 p. %.

« Malgré la réduction qui a été apportée dans les tarifs des États-Unis

Il est donc démontré que quand nos adversaires accusent la betterave d'avoir *ruiné* notre commerce d'échange, d'avoir réduit notre commerce maritime à un état *déplorable*, ils trompent le pays, ils mentent à leur conscience; les faits sont accablants pour eux. Ils auront recours aux hypothèses; ils diront :

Si le sucre de betterave disparaissait, le sucre étranger qui le remplacerait accroîtrait d'autant notre commerce d'échange.

Si, au contraire, le sucre indigène continue à prendre sur le marché la place du sucre colonial, nos relations aux colonies seront détruites et notre commerce maritime perdu :

Car « le principal aliment de notre commerce d'outre-mer c'est le sucre (1). »

La première proposition est une de ces vérités qui ne signifient rien. Evidemment, si l'on supprimait en France la culture du blé, notre commerce extérieur s'accroîtrait, en ce sens, que ses vaisseaux iraient nous chercher du blé à l'étranger; et cependant on comprendra que ce n'est pas là une raison suffisante pour supprimer la culture du blé.

à dater du mois d'octobre dernier, cette puissance a reçu de Paris, de plus que l'année dernière, pour une somme de 9,500,000 fr. ; nos exportations pour l'Angleterre et les états de l'association Allemande offrent aussi un accroissement. » (Discours de M. le Préfet de la Seine dans l'assemblée des électeurs de la chambre de commerce. — Moniteur du 24 décembre 1841).

(1) Rapport de M. Ducos au conseil général du commerce, 1842, p. 8.

Voyons ce qui en serait du sucre :

En 1840 (1), le mouvement du com-
merce colonial a été de.... .... 199,000 tonneaux.
75,000,000 de kilog. de sucre en ont
exigé 75,000
    Avec le retour 75,000
Ou les 3/4 de la navigation.
La valeur du commerce colonial a été
de. .... 106,000,000 fr.
    Dont les 3/4................. 64,000,000
Le sucre indigène a produit, y compris la fraude estimée 1/3 par la régie,
35,000,000 de kilog. ou moitié de la
production coloniale. En supposant donc
que le transport de 35,000,000 de kilog.
de sucre étranger offrit le même avantage
à notre commerce que le transport d'une
même quantité de sucre colonial, ce serait à ajouter à la valeur du commerce
maritime en général une valeur de..... 32,000,000
La valeur totale du commerce maritime
étant de..................... 1,481,000,000
La valeur acquise serait de 1|46e.

Pour donner au commerce maritime, florissant, progressant
chaque année, non pas un bénéfice supplémentaire de 32 millions, mais le bénéfice éventuel résultant d'un développement
problématique de 32 millions d'affaires, on sacrifierait une in-

---

(1) Documens fournis aux conseils généraux par le ministre du commerce, 1841, p. 20, 21 et 24.

dustrie qui donne chaque année au pays pour 40 à 50 millions de produits qu'elle *crée* dans toute l'acception du mot !. . . . . . . Et cela sans même se demander si après , et par la suppression du sucre indigène , l'aisance diminuant , la consommation du sucre ne diminuera pas, d'où peut-être, d'immenses pertes sans le plus petit profit. . . .

En traitant de l'intérêt colonial, nous démontrerons que , le sucre de nos colonies , loin d'avoir cédé sa place au sucre indigène sur les marchés français, en chasse au contraire ce dernier.

En parlant de la marine , nous prouverons qu'il est faux que le sucre soit le principal aliment de notre commerce.

Il nous reste à montrer, sous son véritable jour, l'intérêt qu'ont les ports dans la question qui nous occupe.

Et d'abord, il faut constater que le commerce maritime est divisé en deux partis (1) réunis momentanément, nous dirons pourquoi : l'un, protecteur des colons qu'il exploite d'une manière

(1) « Dans nos villes maritimes, là où il ne devrait y avoir qu'une voix en faveur des colonies, *il existe* encore *deux partis en présence:* l'un *ami des colonies* parce qu'il a l'expérience des avantages qu'elles ont procurés au commerce , et parce qu'il sait bien , lors même que le privilége aurait eu de mauvais résultats , que la France en a fait la condition d'existence de ses possessions d'outre-mer, l'autre , *adversaire des colonies* , parce qu'il leur garde rancune de toutes les spéculations auxquelles il n'a pu se livrer, et qu'il fait retomber sur elles, qui n'y peuvent rien , toutes ses antipathies contre le système économique que la France s'est donnée. » (Question coloniale par M. Levavasseur de Rouen , 1839, p. 5).

déplorable comme nous le verrons plus bas (1); l'autre, partisan
du sucre étranger, jetterait volontiers les colonies à l'eau après
avoir démoli nos usines (2)

---

(1) « La libre admission de tous les pavillons dans les colonies, c'est-à-dire la perte, ou au moins une réduction notable d'un débouché... de 50 à 52 millions, l'anéantissement de notre marine marchande, déjà si malheureuse, et par une suite inévitable, *l'affaiblissement de notre puissance maritime* ; et, si nous portons nos vues dans un avenir plus éloigné, la séparation complète de ces possessions et la perte des stations qu'elles assurent à notre marine militaire. » (Mémoire de la chambre de commerce du Hâvre 1837, p. 7).

« Le système colonial paraît au délégué (de Marseille) *une des grandes sources de la prostérité* de la France ; *il est trop dédaigné* et pas assez compris ; c'est lui qui garantit à notre navigation *la majeure partie de son fret.* (Enquête de 1839, p. 25).

« L'exportation directe conviendrait à nos adversaires.... Cette mesure *serait funeste aux colonies*, à moins qu'on ne les ouvrît à tout pavillon et alors ce serait *la ruine définitive de notre marine marchande.* » (Mémoire des délégués du commerce maritime, 5 juin 1839, p. 18).

(2) La protection accordée aux colonies « ne doit pas se changer en un privilége qui se perpétue sans raison *au détriment de la métropole*, et qui la rende tributaire d'en de fans qui, pour avoir été gâtés, n'en sont pas plus reconnaissant.......

« Assurément c'est vouloir imposer à la France *un lourd fardeau* et à ses consommateurs, une dure nécessité, que de réclamer la continuation d'un pareil état de chose.

Parmi les intérêts qu'il faut faire entrer en ligne de compte, « C'est celui de la navigation que vous renfermez dans le cercle borné de 2 ou 3 colonies, qui presque toujours, ne lui offrent *que des chances ruineuses et un défaut absolu de fret,* lorsque les possessions étrangères plus hospitalières que les nôtres lui fourniraient des ressources multipliées.....

« Une situation indépendante qui les assimilerait à l'île de Cuba, n'offrirait rien que de *séduisant et d'avantageux pour elles*, et quant à la France, *elle n'en éprouverait ni inconvénient, ni dommage.* » (Procès-verbal des séances de la commission commerciale du Hâvre, 1829).

« Nous ne sommes plus au tems où il y avait *utilité respective* dans la dépendance des colonies ; c'est une charge qui pèse à la fois aujourd'hui sur la métropole et sur les colonies elles-mêmes ; les uns et les autres sentent que le moment approche où il y aura *nécessité et convenance réciproque de délier les nœuds qui les réunissent* (Réflexions d'un ancien négociant de Nantes en réponse à M. Dombasle, 1834, p 37).

Nous citerons plus bas une foule d'autres exemples de cette opinion professée dans les ports.

61

Le dernier parti est le plus nombreux, par la raison toute simple que notre commerce colonial n'étant que de 7 p. °/₀ dans notre commerce maritime, on peut dire, que quant à l'intérêt, le parti étranger doit être au parti colonial comme 93 est à 7, c'est-à dire plus de 13 contre un.

Et en effet, sur 219 ports, 5 seulement ont des relations importantes avec nos colonies : Bordeaux, Nantes, le Hâvre, Marseille et Dunkerque (1).

De ces 5 ports, les 4 derniers sont, comme nous l'avons vu, partisans du système protecteur. Quand Bordeaux demandait l'échange de ses vins contre les produits des manufactures anglaises, ils n'avaient pas assez de malédictions pour son commerce égoïste (2).

Dans la question des sucres, il en est autrement.

En 1829, les délégués du commerce maritime, entendus par la commission d'enquête, furent *unanimes* pour déclarer que le système colonial leur était dommageable (3). Dix ans après,

(1) Tous les tableaux du commerce extérieur.

(2) Voir l'enquête de 1834.

(3) « Depuis plusieurs années, suivant la disposition de M. Homberg, le commerce des sucres avec nos colonies n'a procuré généralement que des pertes en tout genre. — Les marchandises françaises ne s'y vendent, sauf quelques exceptions, qu'à des prix qui offrent rarement le pair avec ce qu'elles coûtent. Les sucres s'y paient à un taux qui ne permet pas, le plus souvent, de le réaliser en France à un bénéfice quelconque. Quant au fret, comme nos navires se portent en foule sur ces deux points uniques, la concurrence qui en résulte avilit progressivement ce même fret........ ; le délégué de la chambre de commerce de Nantes fait entendre les mêmes plaintes sur les inconvéniens de cette concurrence. »
— « Le délégué de Bordeaux affirme pareillement que nos relations avec nos colonies sont désavantageuses. » (Enquête de 1829 p 258).

on leur demanda s'ils avaient changé d'opinion; ils se contentèrent de répondre, ne pouvant mieux faire, qu'en 1829 , Dunkerque et Marseille n'avaient point donné leur avis (1); et ils furent et sont encore *unanimes* pour soutenir les colonies contre ce qu'ils sont convenus d'appeler les empiétements du sucre indigène.

Rien n'est plus facile à expliquer que cette conversion et cette touchante *unanimité*, les deux partis n'ont pas cessé d'exister, mais ils se sont unis contre la betterave; l'un peu clairvoyant mais fortement intéressé à la conservation des colonies qu'il pressure; l'autre, plus adroit, sachant très-bien qu'il lui sera plus facile de lutter contre le sucre colonial que contre le sucre indigène, donne la main aux colons et à leurs alliés des ports contre leur concurrent, se réservant de recommencer plus sûrement après ses attaques contre les colonies.

Et, en effet, si l'alliance des ports et des colons arrive à ses fins, à la destruction du sucre indigène, il ne sera pas difficile au parti du commerce avec l'étranger d'obtenir le sacrifice de l'intérêt colonial. La nécessité de relations plus étendues, l'instabilité de celles établies aux colonies, des recettes plus abondantes pour le trésor, tout ce qui fut dit en 1829, sera redit et développé de nouveau; il sera surtout facile de faire voir à quoi

---

(1) D « Le commerce des ports a-t-il aujourd'hui les mêmes idées qu'en 1829 ? l'enquête constate qu'à cette époque ils ont été unanimes pour déclarer que la liberté des colonies ne leur serait point dommageable; Nantes, Bordeaux, Paris, le Hâvre, ont-ils changé aujourd'hui d'opinion ? »

R. « Dunkerque et Marseille n'ont point donné leur avis, et d'ailleurs l'enquête de 1829 constate que les ports mettaient aussi des réserves à leur demande. » (Enquête de 1839 p. 26) — Ces réserves nous n'avons pu les découvrir dans l'enquête de 1829.

se borne l'intérêt du commerce avec les colonies, à une partie du négoce des villes de Dunkerque, Nantes, le Hàvre, Marseille et Bordeaux ; car cet intérêt s'arrête à leurs portes.

Dunkerque ne peut avoir la prétention de comprendre le département du Nord dans l'intérêt colonial, qu'il juge convenable de défendre provisoirement.

Nantes ne peut nier que le conseil-général de son département a pris parti pour les sucres étrangers contre les sucres coloniaux, tandis que la plupart des départemens voisins se sont prononcés pour le sucre indigène (1).

Le Hàvre sait très-bien que le sucre indigène a trouvé des appuis, et dans le conseil général, et dans la Société d'Agriculture de *la Seine-Inférieure* (2), tandis que son député, M. Duvergier de Hauranne déclarait en 1830 que : « le tems n'est plus où l'on pouvait dire : point de colonies, point de marine (3). »

(1) Votes des conseils généraux 1836 et 37. voir le tableau numéro 2.

(2) « La société centrale d'agriculture du département de la Seine Inférieure, *pénétrée de l'extrême importance* de la fabrication du sucre indigène pour les intérêts permanents de la France, a *plusieurs fois* exprimé son avis sur *l'utilité de cette précieuse industrie* et sur la nécessité d'éviter *tout ce qui pourrait en contrarier* le développement... — « Elle croit devoir signaler franchement les erreurs de calcul, les *exagérations* de toute espèce à l'aide desquels *l'intérêt personnel* cherche à égarer la sollicitude du gouvernement...... « Il y a vraiment de quoi être stupéfait lorsqu'on examine la base sur laquelle porte tout cet échafaudage de raisonnemens, toute cette enflure de commentaires, au moyen desquels on veut amener le gouvernement à abandonner une *merveilleuse fabrication nationale* qui est une des gloires de l'industrie française, et que toutes les nations continentales s'efforcent de s'approprier pendant que nous avons la *stupidité* de vouloir la répudier. » (Pétition de la société de Rouen, 30 mars 1840.)

(3) Discussion du budget.

Marseille s'enrichit par ses relations avec l'Algérie, tandis que l'agriculture de son littoral appelle en vain la betterave (1).

Reste *Bordeaux*, dont les délégués endossent complaisamment les réclamations des colons contre la betterave, comme une lettre de change dont l'échéance est la ruine du tireur aussi bien que du tiré. Bordeaux, chef-lieu d'un département dont le conseil-général ne demande que l'introduction des sucres étrangers, tandis qu'autour de lui on réclame protection pour la betterave et rien pour les colons (2). Bordeaux, restée stationnaire au milieu des progrès industriels du pays, ne rêvant que le commerce avec l'Angleterre; chef du parti anglais (3), dont elle est le type,

(1) Annales provençales d'agriculture mars et avril 1837. — Bulletin de la société de l'Hérault, février 1837.

(2) Votes des conseils-généraux 1836 — 1837. — Voir le tableau numéro 2.

(3) Nous empruntons à une brochure (le Bon-sens commercial) publiée à Bordeaux même, en 1833, les lignes qui suivent, dont nous laissons la responsabilité à leur auteur, M. Dalliez.

« Dans le bon vieux tems où tous les peuples civilisés buvaient du vin de Bordeaux, et lorsque tous les pays d'Amérique envoyaient leurs denrées coloniales dans cette ville, il suffisait pour y faire fortune, de connaître les qualités et les prix des vins, ou bien la capacité d'un navire pour savoir, à tant le tonneau, combien il donnerait de fret, science avec laquelle on se passait à merveille de l'école polytechnique. Aussi, Bordeaux était alors, non seulement la première ville commerciale de France, mais encore une des premières villes de l'univers......, (p. 1.)

« Mais les révolutions qui travaillent la vieille Europe depuis un demi-siècle amenèrent des changemens dans la politique des états, et chaque nation voulut isoler et individualiser son commerce ..... (p. 2.)

« Privé des ressources qu'elle ne pouvait plus acheter au-delà des mers, la France qu'il (Napoléon) avait agrandie de la moitié de l'Europe, se replia sur elle-même, et, s'échaffant du génie du maître, improvisa sur presque tous les points, Bordeaux excepté, des créations

Bordeaux, ou du moins ceux qui la dominent de toute la hau-

industrielles pour suffire à ses besoins, et nous affranchir du tribut d'é-
cus que nous payons aux Anglais pour du café , du sucre , des calicots
et des dentelles. (p. 4.)

« La ville de Bordeaux seule resta *stationnaire* et *anglomane* , à
cause précisément de cette prétention, de jour en jour plus ridicule,
d'être une des premières villes du monde, et de pouvoir vivre sur sa
réputation du passé et sur sa foi dans l'avenir ; prétention tellement
tenace, que s'il ne lui restait qu'un seul habitant , il irait se percher au
haut du clocher de Saint-André pour chanter , comme le vieux roi
Priam, les merveilles de Troie..... (p. 5.)

« Les Bordelais, qui ne comprirent pas plus le principe de la révolution qu'ils n'ont compris le système continental de Bonaparte , et qui
croyaient, comme il le croient, mais un peu moins de nos jours,..... que
toute la France devait se laisser gouverner par eux et pour eux; les Bordelais firent les matanores politiques , et niais instrumens des intrigues
de Coblentz avec qui ils firent alliance , ils crurent arrêter les victoires
et conquêtes de nos armées.... (p. 8.)

« Bordeaux, ville russe et allemande par les charrons......, colonie anglaise par 3 siècles de conquête..... Bordeaux qui, par l'apparente
égalité surtout que le gouvernement provincial de Richelieu avait établie , ne voyait , dans l'hostilité de la robe et de l'épée contre la révolution, que des intérêts d'argent , et non des questions de priviléges, fit
facilement cause commune avec elles , et pensa qu'avec les Bourbons
reviendrait la franchise de son port..... (idem.)

« Bouder par ignorance, se prosterner à plat-ventre devant les favo-
ris de l'empereur pour obtenir une licence , et conspirer contre lui dans
les salons frondeurs , telle est la curieuse histoire de cette fameuse ville
durant la période de l'Empire (p. 11.)

« Les choses se passaient différemment à Rouen, au Hâvre et dans le
nord de la France , où on avait habilement compris que tout ce qui
tombe sous la main active de l'homme est une mine d'or. Travailler et
produire leur parurent préférable, dans leur intérêt, aux habitudes gen-
til-hommières, et à ces conjurations d'antichambre..... (p. 12).

« Arrive enfin la restauration. »..... « Ces ingrats Bourbons ne voulurent ni accorder de franchise à Bordeaux, ni faire fermer les autres
ports maritimes ; et le *Turenne anglais, le Turenne Wellington* qui
avait bu des meilleurs de nos crus , ne put ou ne voulut forcer ses com-
patriotes , nos chers alliés, à renoncer au vin d'Oporto , pour celui de
Lafitte ou de Margaux qu'on fouettait et soignait pourtant depuis 15 ans

teur de leurs illusions, Bordeaux après la victoire tournera ses armes contre ses alliés de la veille, et un pied sur les ruines de nos usines, demandera de nouveau au gouvernement comment il ose condamner le consommateur à d'immenses sacrifices pour concentrer nos débouchés *dans trois ou quatre chétifs Ilots* (1).

§ V.

INTÉRÊT DES COLONS.

« On accuse le sucre indigène, dit la Société d'Agriculture de Rouen, d'être la cause des maux de nos colonies et de ne pouvoir fonder sa prospérité que sur leur ruine. Cette assertion

pour leurs seigneuries. Aussi, grand fut le désappointement de nos *anglomanes* dont la ferveur bourbonnienne commença un peu à tiédir...,. (p. 13).

Cependant. ... « tout le monde, riche et pauvre, grand et petit voulurent devenir armateurs, et battre monnaie sur des tillacs ; mais , n'en déplaise à la logique bordelaise, c'était prendre l'effet par la cause... si une partie des capitaux jetés sur des chantiers de construction avaient été employés en créations industrielles , celles du coton, par exemple,..... Si pendant que le Hàvre, Nantes et Marseille réduisaient nos raffineries aux besoins exigus de Bordeaux et de sa province, on leur avait ouvert une concurrence pour les cotons manufacturés, nul doute que les navires américains ou anglais n'eussent afflué sur la Gironde..... et n'eussent pris, ne fussent que pour lest de retour, du vin et d'autres produits méridionaux . .... (page 14) ..... mais « Bordeaux.... comme je l'ai déjà dit , est resté par ignorance en arrière du mouvement industriel.... ne voulant ni du remède manufacturier , ni des consolations de l'intelligence , nous restons l'arme-au-bras.

« *Si fractus illabatur orbis, impavidum ferient ruina*. » Espérant toujours que de nos celliers couleront encore les eaux du Pactole. » (p. 19).

(1) M. Ducos ; chambre des députés, 22 mai 1837.

ne doit sa force qu'à l'assurance avec laquelle on la met en avant; elle ne résiste pas à un examen sérieux. » — « La vérité est que les maux des colonies tiennent à beaucoup d'autres causes généralement connues (1). »

Nous pourrions, poussant plus loin l'examen, retourner l'argument de nos adversaires contre eux-mêmes, et dire que les maux des colonies et le malaise des fabricans indigènes tiennent au développement exagéré de la culture de la canne. Nous savons bien qu'on prétend que la canne est la seule richesse des colonies, que l'accroissement de la production du sucre est la condition fatale de leur existence ; nous allons, dans un instant, prouver que les colons n'augmentent cette culture que contrains par leurs avides créanciers ; il nous suffit ici de faire le rapprochement suivant :

La Martinique et la Guadeloupe nous ont apporté :
en 1788................ 20,949,253 kilog. de sucre.
et de 1822 à 31 en moyenne.. 49,856,326

plus du double, et cependant ces deux colonies ont fait (importations et exportations) :

en 1788, pour.............. 83,126,000 fr. d'affaires.
et de 1822 à 31, en moyenne, pour. 73,101,939 (2).

Mais aussi ces colonies produisaient en 1788, 4 fois plus de café et 8 fois plus de coton qu'en ces derniers tems. Ainsi, de 1822 à 31, en moyennes annuelles, elles ont produit 5,525,582 kilog. de café de moins qu'en 1788, soit à 1 fr. 60 c (5) le

---

(1) Pétition du 30 mars 1840.
(2 Voir le tableau no 5.
(3) Tableaux du commerce publiés par la douane.

kilog., pour...... .... 5,317,387 fr. 20 c.
et 801,626 kilog. de coton de moins
qu'en 1788, soit à 2 fr. le kilog (1),
pour........................ 1,603,252

Ensemble........ 6,920,639 fr. 20(2),

tandis que ces produits, le coton surtout, auraient depuis
1788, décuplé, si les colons n'eussent pas été forcés de planter
de la canne là où leur intérêt appelait d'autres cultures.

Mais laissons ce qui aurait du être fait, et voyons si, dans
l'état actuel des choses, la canne a quoi que ce soit à reprocher
à la betterave.

Et d'abord, le sucre de betterave a t-il déplacé le sucre de
canne dans la consommation de la France ? Nullement.

De 1812 à 1821 (10 ans), la moyenne de la consommation
en sucre de canne a été de.......... 28,000,000 kilog.
de 1822 à 1831 (10 ans), elle a été de. 53,000,000
Depuis cette époque la consommation
d'aucune année n'a été moindre de 56
millions.
De 1832 à 56 (5 ans), la moyenne a été
de......................... 61,000,000
De 1837 à 41 (5 ans), de......... 67,000,000
En 1841 la consommation a été de... 76,000,000 (3)

La consommation du sucre de canne n'a donc pas cessé de

(1) Tableaux du commerce publiés par la douane.
(2) Voir le tableau n° 5.
(3) Voir le tableau n° 8.

progresser, comme on le voit, la betterave n'a donc pu le déplacer ; il y a plus, elle a été déplacée par lui.

En 1837 et 38 la betterave fournissait à la consommation de la France......   49,000,000 kil. la canne 60,000,000 ens. 109 en 41 la betterave

fraude comprise, 55,000,000   76,000,000   111

différence en   différ. en
moins pour la   plus pour
betterave. . . . . 14,000,000 la canne. . 16,000,000 (1).

Qui donc chasse son concurrent du marché ? est-ce encore le sucre indigène qui, de 1837 à 1841, a vu tomber 187 fabriques (2) sans compter celles qui eussent fermé sans l'attente de l'indemnité?

Mais nous devons consommer, nous *sommes obligés* de consommer en France toute la production coloniale, car la métropole est la très-humble vassale de ses colonies ; et M. Jollivet nous apprend que de 1837 à 40, 42 millions de kilog. de sucre brut colonial ont été réexporté (9).

Nous ignorons où M. Jollivet a découvert ce chiffre, et nous sommes tentés de croire qu'il a confondu , avec les quantités exportées à l'étranger, celles sorties d'un port à destination pour un autre port ; car le chiffre du sucre colonial, qui n'a pu entrer en consommation, ne peut être que la différence entre la quantité apportée et la quantité acquittée , c'est-à-dire consommée. Or ,

(1) Voir le tableau no 8.
(2) Voir le tableau no 1.
(3) Question des sucres 1841 , p. 21.

nous trouvons que de 1832 à 1836 (5 ans) il est entré en
France..... 399,330,095 kilog. bruts de sucre colonial.
en déduisant
la tare, 10 °/₀ ... 59,933,009

on trouve net. 339,577,086
ont acquitté le
droit....... 334,879,285

reste ..... $\overline{4,706,801} + 5 = 941,360$ kilog. par an.

De 1837 à 41
(5 ans) il est
entré...... 402,655,602 kilog.
Tare...... 40,265,560

net........ 362,390,042
ont acquitté le
droit...... 338,973,321

reste ...... $\overline{5,416,721} + 5 = 683,344$ kilog. p. an (1).

Ajoutons qu'en 1841 il n'est sorti de
nos ports que...... .... 337,607 k. de suc. brut
colonial (2).

Il est donc clair, que tout le sucre produit aux colonies trouve
sa place sur notre marché, place que le sucre indigène lui cède;
et quand M. Jollivet accumule les chiffres pour prouver que la
production excède le consommation de 13 millions (3), il ne
tient pas compte de ce que la douane indique au poids brut les
entrées, et au poids net les acquits des sucres bruts et les sorties
des raffinés.

---

(1) Documens fournis aux conseils généraux par M. le ministre du
commerce, 1841, p. 24. — Voir le tableau n° 9.
(2) Lettre de M. le directeur général des douanes.
(3) Question des sucres, 1841, p. 33 et suivantes.

Ce que nous venons de dire répond suffisamment à la fantas-
magorie des encombremens d'entrepôt à certaines époques de
l'année. Il est tout naturel que le sucre, produit en quelques
mois et consommé pendant toute l'année, soit périodiquement
en grande quantité en magasin, sans que pour cela il y ait excédant de production. Il est également tout naturel que les quantités emmagasinées à certaines époques augmentent avec 'accroissement de production sans qu'il y ait pour cela *stock*, mais
provision s'écoulant à mesure des besoins devenus plus considérables.

Une explication aussi simple ne peut aller à nos adversaires ;
ils veulent faire voir en tout et partout la fatale influence de la
betterave; ils ne reculent, ni devant les exagérations poussées
jusqu'au ridicule, ni devant les interprétations poussées jusqu'à
l'absurde.

Le sucre colonial, qui n'a cessé de trouver dans la métropole
tout le débouché possible, n'a donc à se plaindre que d'une
chose, de la baisse des prix. Mais ici encore les colons sont in-
justes, en accusant la betterave d'être cause d'un fait dont elle
est la première victime (1). Le sucre étranger est seul la cause
actuelle de l'exagération de cette baisse, comme nous le démontrerons plus tard. Il nous suffit ici de faire voir que le sucre
indigène n'y est pour rien.

Il est vrai que le sucre raffiné qui valait en 1828, 2 fr. 30 c.
le kilog. ne valait plus en 1841 que 1 fr. 63 c. Mais pour que
la betterave ait été la cause, la seule cause de cette baisse, il faudrait qu'elle ne se fût pas manifestée antérieurement, qu'elle ne

---

(1) Question des sucres par M Jollivet, 1841, p. 72.

datât que de 1828; et cependant, outre la cause actuelle (la diminution de la surtaxe du sucre étranger), il faut qu'il y ait une cause permanente, car depuis 30 ans le sucre baisse toujours.

En 1812 il valait.................... 11 fr. 11 c.
de 1812 à 21 en moyenne............. 5 fr. 22
de 1822 à 31...................... 2 fr. 36
de 1832 à 41...................... 1 fr. 79
en 1841......................... 1 fr. 63 (1).

En bonne conscience, n'est-il pas aussi ridicule au sucre colonial d'accuser le sucre indigène d'une baisse aussi constante, qu'il le serait au sucre indigène d'en accuser le sucre colonial? La baisse continue des produits en général, et en particulier de ceux qui se répandent de plus en plus dans toutes les classes de la société, n'est-elle pas une des conséquences de la loi du progrès de l'industrie? seulement, hâter cette baisse, c'est frapper le producteur, et c'est ce qu'a fait la loi de 1840 en diminuant le droit sur le sucre étranger. La betterave et la canne en ont également souffert.

Que M. Jollivet vienne donc encore soutenir que : « La présence du sucre indigène sur le marché, *en expulse le sucre colonial*, ou *force de le vendre à des prix ruineux.* » Qu'il s'écrie donc encore avec indignation : « Il faut que le sucre indigène cède au sucre colonial la place *qu'il usurpe!* (2) » Ce sont là des mots, et rien que des mots.

C'est un mal sans doute que la baisse des prix; que les colons s'en prennent à la loi et aux spéculateurs, rien de mieux; les

---

(1) Voir le tableau n° 8.
(2) Question des sucres, 1841, p. XXIII.

fabricans indigènes leur viendront en aide ; ils ont un intérêt commun à faire cesser un état de choses vraiment intolérable. Mais le mal qui ronge les colonies n'est pas là. Quand elles auront obtenu de substituer la concurrence du sucre étranger à la concurrence du sucre indigène, elles n'en seront pas plus riches, elle ne seront pas sauvées.

Le mal est d'une part dans le système colonial lui-même qui permet au négoce des ports d'exploiter les colons à merci ; d'autre part, dans la menace incessante de l'émancipation de l'esclavage qui ote aux colons tout moyen de crédit.

Les colonies obligées d'apporter en France tous leurs produits et de prendre chez nous leurs objets de consommation, estiment qu'elles supportent sur leurs approvisionnemens une augmentation de prix de 12,000,000 de francs; elles paient nos farines 80 p. $^{\circ}|_{0}$ plus qu'elles ne paieraient celles d'Amérique (1); de plus, la différence dans le prix des fournitures faites à crédit ou pour de l'argent comptant n'est pas moindre de 25 p $^{\circ}|_{0}$ (2). Voilà l'état d'exploitation où sont réduites nos colonies au plus grand profit de quelques armateurs. Ces armateurs font des avances aux colons, et l'intérêt est de 12 p. $^{\circ}|_{0}$ (3). Ces négocians s'indignent du *privilége* de la betterave à l'égard des colons nos égaux en droit, mais ne veulent pas leur permettre de raffiner leur sucre, de l'importer livrable à la consommation, encore moins de le vendre brut à d'autres qu'à eux ; et tandis qu'ils ont l'hypocrisie de plaindre les pauvres colons de ne pouvoir planter que de la canne, ce sont eux qui les y forcent, et

---

(1) M. de Jabrun. Enquête de 1836, p. 167.
(2) M. de Bellac. Enquête de 1829, p. 204.
(3) Enquête de 1837, p. 76.

qui , lorsqu'ils tiennent les sucres dans leurs mains , obligent leurs débiteurs à les vendre à des prix ruineux (1).

Le remède à tant de misères n'est donc pas, nous le répétons, dans la substitution du sucre étranger au sucre indigène sur les marchés de la métropole , mais dans l'émancipation commerciale des colonies. Les ports eux-mêmes sont forcés de reconnaître que cette émancipation leur serait toute favorable (2); les

---

(1) « Les colons sont obérés , ils doivent des sommes considérables à la métropole ; leurs créanciers *leur imposent l'obligation absolue de ne planter que des cannes*, parce que la récolte s'obtient au bout de 18 mois, le délégué pourrait *montrer une multitude de contrats* qui imposent aux colons débiteurs des obligations de cette nature. (Enquête de 1839, déposition des délégués des colonies, p 7).

— « En présence du bas prix actuel les colons eussent sans doute préféré ne pas réaliser leurs produits; *mais ils y sont contraints par leurs créanciers de la Métropole qui les obligent à vendre, quelques ruineux que soient les cours.* » (Id. p. 5).

(2) « Une situation indépendante qui les assimilerait à l'île de Cuba *n'offrirait rien que de séduisant et d'avantageux pour elles.* » (Commission commerciale du Hâvre 1829).

— « Vous avez eu aussi la prétention de protéger les colonies ; eh bien ! après 18 ans de cette protection , quelle est aujourd'hui la situation de ces établissemens ? Pire cent fois que si vous leur aviez accordé , à la paix , la liberté du commerce. » (Quelque mots concernant le dernier rapport de M. St. Cricq, par J. B. Delaunay, négociant au Hâvre , 1833, p. 9).

— La Métropole et les colonies « sentent que le moment approche où il y aura *nécessité et convenance réciproque* de délier les nœuds qui les unissent. » (Réflexions d'un ancien négociant en réponse à M. de Dombasle , Nantes 1834 , p. 37).

— « *Si nous n'étions préoccupés que des intérêts des colonies*, nous demanderions pour elles ce qu'elles ont réclamé il y a déjà long-temps, *la liberté commerciale.* Pour elles, ce serait *un moyen certain de salut et de prospérité.* Affranchies de notre monopole, les colonies trouveraient dans leurs relations avec les Etats-Unis un double profit.... « nos colonies n'ont donc besoin , *pour retrouver la vie*, ni de privilége, ni de protection, mais de *liberté.* » (Question coloniale par M. Levavasseur de Rouen , 1839, p. 51.

colons l'ont demandé (1); et s'ils sont revenus sur leur demande (2), c'est qu'apparemment la main de fer qui les dirige
a le pouvoir de désigner les argumens dont ils doivent faire usage,
comme les plantes qu'ils doivent cultiver.

Ce n'est pas tout encore : les colons ont des dettes considérables et pas de crédit. Est-ce à la betterave qu'il faut l'attribuer?
C'est à un manque absolu de gage à offrir aux prêteurs. L'im-
minence de l'émancipation des esclaves a rendu cette propriété
de nulle valeur pour ceux qui prêtent, et la propriété territoriale
elle-même n'est plus un gage certain, parce qu'elle n'a de valeur
que par les bras qui la font produire.

---

(1) Il résulte de l'enquête de 1837, p. 77, que les délégués des colons
ont demandé par lettre à la commission de la chambre des députés,
l'autorisation d'importer et d'exporter par tout pavillon, la navigation
française étant trop chère.

(2) D. « En maintenant le lien politique qui unit les colonies à la
France, la rupture du lien commercial seul vous serait-elle avantageuse? »

R. « C'est ce qui se pratique pour la Havane, vis-à-vis de la métropole..... nous demandons, quant à nous, l'égalité du droit pour le sucre
colonial et le sucre métropolitain, toute autre demande de notre part
ne nous a été arrachée qu'en désespoir de cause, et dans l'appréhension
de ne pas obtenir la justice qui nous est due. » (Enquête de 1839, p. 11).

La preuve que cette réponse est l'effet de cette *contrainte morale*
dont parlent les colons eux-mêmes, (p. 7) et n'a pour objet que la destruction du sucre indigène au profit des ports, c'est que les délégués sont
forcés d'en revenir à leur demande d'émancipation dans le cas où l'égalité du droit ne leur suffirait pas.

D. « Si la betterave, continuant à prospérer, l'égalité du droit que
vous réclamez cessait de garantir à votre production le marché métropolitain, que demandez vous ?

R..... « Quant aux colonies elles ne demanderaient point à être protégées contre la betterave (elles ont depuis demandé la suppression),
elles ne verraient leur salut que dans l'émancipation. » (id. p. 12)

76

Les colons sont malheureux, parce qu'ils sont exploités par les ports ; ils sont la proie des usuriers, parce que la propriété coloniale est sous le poids d'une modification profonde. Voilà les véritables causes du malaise colonial ; qu'on supprime la betterave, qu'on augmente les droits sur les sucres étrangers, les colonies ne seront pas sauvées. Tant que les deux grandes questions de l'émancipation commerciale et de l'émancipation des esclaves ne seront pas résolues, l'épée de Damoclès restera suspendue sur la tête des colons, nulle puissance humaine ne saurait l'en détourner.

§ VI.

INTÉRÊT DE LA MARINE.

Dans les relations commerciales par mer, il y a deux choses distinctes : l'intérêt commercial dont l'importance est déterminée par la valeur des marchandises échangées, l'intérêt maritime dont l'importance est déterminée par la quantité de tonneaux transportés.

Nous avons démontré que l'intérêt commercial n'avait en aucune façon souffert de la production du sucre indigène ; nous allons prouver qu'il en est de même pour l'intérêt maritime.

Notre navigation générale était :

en 1840 de.................... 3,330,000 tonneaux.
en 1830 de.................... 1,747,000
Augmentation....... 1,383,000

Notre navigation par navires français
était en 1840 de................ 1,392,000
en 1830 de................ 707,000

Augmentation....... 685,000 ou 9|10 (1)

La navigation coloniale n'a pas augmenté, nous en avons déjà dit la raison.

Le sucre est-il donc indispensable à notre marine? les chiffres que nous reproduisons prouvent le contraire. En effet, nous tirons tout notre sucre, ou à peu près, des colonies, et cependant, si nous ôtons du chiffre total de notre navigation le chiffre de la navigation coloniale

p. 1840, 199,000 tonn., nous avons 1,193,000 tonneaux.
pour 1830, 206,000............ 501,000

Augmentation.... 692,000 ou 14|10 (2)

c'est-à-dire, un chiffre d'accroissement plus élevé sans sucre qu'avec du sucre (3), sans colonies qu'avec des colonies; et cela n'est pas étonnant, car « que représentent nos colonies dans le

---

(1) Documens fournis aux conseils généraux par le ministre du commerce, 1841, p. 18. — Voir le tableau n° 7.

(2) Idem.

(3) « Si on prend pour terme moyen de comparaison de l'ensemble de la navigation sous pavillon français, les années extrêmes de 1835 et 1840, on trouve, en faveur de la dernière, une différence en plus de 83 p. % sur la navigation commerciale avec les pays d'Europe, et un accroissement de 22 p. % avec les pays hors d'Europe ; l'augmentation sur l'ensemble du mouvement est de 59 p. %.

« Ainsi, la faible diminution de la navigation réservée a été très-amplement compensée par l'accroissement de celle que nous entretenons en concurrence avec les diverses puissances maritimes, résultat qui infirme cette allégation si souvent reproduite, *que le transport du sucre forme le principal aliment de notre navigation marchande, et le seul fret qu'elle ait à sa disposition.* » (M. Marivault, *moniteur industriel*, du 9 décembre 1841).

mouvement général de notre navigation marchande? 14 p. °(.. Quelle proportion offrent-elles dans l'ensemble de notre navigation générale? 7 p. °|; et encore ne comprend-on pas dans ces calculs notre navigation de cabotage, qui réduirait à 6 p. °|₀ dans notre navigation nationale , et à 4 1|2 p. °|₀ dans l'ensemble de notre navigation générale, la part proportionnelle de nos colonies (1). »

Et cependant on ose soutenir que l'état de chose actuel « détruit un des principaux élémens de force de notre patrie , » la marine militaire , qui n'a de vie que dans la marine marchande ! (2) Pour le prouver on ne craint pas d'avancer que l'inscription maritime qui était en 1795 ,

de...................... .... 104,752 hommes.

n'était plus en 1852 que de........ 83,000

et en 1838 que de............. ... 52,000 (3).

La vérité cependant est qu'en 1795 le chiffre de l'inscription maritime était de. 95,716 hommes.

en 1839 de............ 95,407

et en 1840 de............. ... 98,706 (4).

Et il faut remarquer qu'en 1793, époque à laquelle on faisait

---

(1) Rapport de M. Pommier au conseil général d'agriculture , 1842, p. 15.
(2) Mémoire des délégués du commerce maritime, 2 janvier 1839, p. 1.
(3) Id. du 5 juin 1837, p. 7.
(4) Voici les véritables chiffres de l'inscription maritime.

En 1683 — 77.852 hom.   1818 — 83,935 h.   1836 — 90,511 h.
  1690 — 53,451   1823 — 80,263   1837 — 92,930
  1704 — 79.535   1826 — 86,438   1838 — 91,302
  1776 — 67,521   1830 — 85,820   1839 — 95,704
  1793 — 95 710   1833 — 88 458   1840 — 98,706

(Enquête de 1839 , documents officiels , p. 81 et suivantes. — Rapport de M. Pommier au conseil général d'agriculture , 1842 p. 14).

des marins comme on faisait des généraux , comme on faisait tout , les marins figuraient dans l'effectif jusqu'à l'âge de 60 ans; depuis il n'y figurent plus que jusqu'à l'âge de 50 (1).

On le voit, loin d'être dans l'état de souffrance qu'on veut bien supposer, la marine marchande d'une part, la marine militaire de l'autre, sont en voie de progrès.

Mais qui donc se préoccupe sérieusement du prétendu affaiblissement de notre puissance navale, sont-ce les négocians des ports ? est-ce le gouvernement ?

Les négocians de Marseille, de Bayonne et du Hâvre, prétendent-ils que leurs matelots sont la pépinière unique des marins de l'État, et que c'est le patriotisme qui les pousse à solliciter la suppression d'une industrie qui en diminue le nombre ? Nous leur demanderons alors , comment en 1824 ils osaient réclamer le droit d'employer sur leurs navires 1|4 de marins étrangers ? (2)

Les négocians de Bordeaux et de Saint-Brieuc, viendront-ils dire que les relations commerciales ont cessé et que les matelots sont sans occupation? mais ils déclarent au contraire que les caboteurs sont obligés de désarmer *faute d'hommes*. Se plaindront-ils de la diminution de nos forces navales? mais ils demandent le désarmement d'une portion de nos flottes pour faire passer les marins militaires au service de la marine commerciale (5).

---

(1) Enquête de 1839, p. 83.
(2) Enquête de 1824 sur les causes de la cherté relative de la navigation française, p. 64.
(3) Pétitions — de Bordeaux , 15 février 1842, — de St.-Brieuc , 26 novembre 1841.

Est-ce le gouvernement qui fera intervenir dans la question l'honneur du pavillon national ? Nous lui dirons que la preuve la plus convaincante que, dans sa pensée, nos armemens militaires sont plus que suffisans, c'est qu'il en avait proposé la diminution.

Insistera-t-il, en disant qu'il faut une réserve ; que la réserve est dans la marine marchande ; que, bien qu'en très grand progrès, cette réserve n'est pas encore suffisante ? Nous rappellerons au ministère le fait que M. Foulde a signalé à la tribune de la chambre des députés dans la session dernière. Le gouvernement donne à la *marine étrangère* un transport de 200,000 tonneaux pour un bénéfice de 3 fr. par tonne sur le prix du frêt. De deux choses l'une : ou le ministère est convaincu que la marine marchande n'a pas besoin de ces 200,000 tonneaux pour fournir à la marine royale tous les matelots dont elle peut avoir besoin, et alors aucun sacrifice n'est nécessaire à son développement ; ou le gouvernement est convaincu que ce développement n'est pas suffisant, et alors il est coupable en l'entravant.

Ce fait est d'une haute gravité ; il ne prouve pas seulement que le développement de notre marine marchande est plus que suffisant pour les besoins de notre marine militaire, il prouve encore que si nos relations avec nos colonies à sucre venaient à cesser subitement, il serait facile d'empêcher notre marine d'en éprouver la moindre diminution.

En effet, 200,000 tonneaux donnés par le gouvernement à la marine étrangère, c'est juste le chiffre de la navigation coloniale. Si donc cette navigation cessait et que le gouvernement donnât à notre marine ce qu'il donne aujourd'hui à la marine étrangère, le chiffre du tonnage de notre navigation spéciale ne serait aucunement changé. Le département de la marine ferait il est vrai le sacrifice d'une économie de 600,000 francs ; mais nous cesserions de payer les millions que nous coûtent les colonies.

———

§ VII.

INTÉRÊT DU FISC.

Parmi les griefs reprochés à la betterave, il en est un surtout qui préoccupe singulièrement les hommes de finances : la betterave, dit-on, fait perdre chaque année des millions au trésor, et, sur cette énonciation, dont on se met peu en peine de vérifier la vérité, on bâtit des systèmes.

La recette des droits perçus sur les sucres s'élevait, en 1812, à 28 millions de francs ; en 4 ans elle fut réduite à 11. Ce n'est pas la faute de la betterave à coup sûr, puisqu'elle ne commença à compter pour quelque chose qu'en 1828. De 11 millions, *malgré la betterave*, le trésor est arrivé aujourd'hui à en percevoir 41 ; et il faut remarquer que le progrès est constant :

La moyenne de 1812 à 21 (10 ans), a été de 21,000,000 fr.

de 1822 à 31 de........... 26,000,000

de 1832 à 41 de........... 29,000,000

Et la dernière année, 1841, on a perçu sur les sucres......................... 41,000,000

Le trésor, au lieu de perdre, a donc gagné en 1841, sur la moyenne des 10 dernières années 12 millions (1).

———

(1) Voir le tableau n° 8.

6

Nous disons que le progrès est constant ; et en effet :

	En 1839.	En 1840.	En 1841.
on a perçu ..	28,000,000 —	34,000,000 —	41,000,000
augmentation.		— 6,000,000 —	7,000,000
ou.........		— 1|5 —	1|5.

Si c'est là un déficit, que sera-ce des autres impôts analogues, qui n'ont augmenté que dans les proportions suivantes :

	1839.	1840.	1841.
L'enregistrement de 186,000,000 a augmenté de		5	et de 4.
soit........................		1|62	1|47.
Les taxes diverses.. 51,000,000		0,747	5.
soit.......................		1|45	1|10.
Les boissons...... 86,000,000		2	2.
soit.......................		1|43	1|44.
Les lettres....... 58,000,000		1	1.
soit.......................		1|58	1|39.
Les tabacs...... 90,000,000		4	5.
soit.......................		1|22	1|51.
Douane et navigation 82,000,000		6	4.
soit.......................		1|15	1|15 (1)
Les sucres...... 28,000,000		6	7.
soit		1|5	1|5.

Voilà pour le déficit.

Mais, dira-t-on, si le sucre indigène n'existait pas, il serait remplacé par le sucre de canne soit colonial, soit étranger. Il en résulterait un bénéfice pour le trésor. Pour faire croire à cette assertion, qui ne constitue pas le trésor en perte quoi qu'on en

---

(1) Moniteur du 25 janvier 1842. — Voir le tableau n° 12.

dise, mais seulement en manque à gagner', on sort du champ des faits pour entrer dans le champ des hypothèses ; nous y suivrons nos adversaires. Mais d'abord , citons textuellement :

« La somme totale des droits perçus par le trésor s'est élevée à 41,812,283 fr.

« Si la production indigène avait été abolie, son contingent de kilog. aurait était fourni :

« Soit par les colonies françaises ,

« Soit par les colonies étrangères.

« Dans la première hypothèse (la moyenne du droit étant de 46 francs 89 centimes) les recettes du trésor se fussent élevées

à............ .... 18,676,000 fr.
au lieu de........................ 6,790,370

Différence en plus..... 11,885,630

« Dans la deuxième hypothèse , les recettes se fussent élevées à 28,600,000
au lieu de........................ 6,790,370

Différence en plus..... 21,809,650

« La moyenne de ces deux sommes eut
été de................ .... 16,847,650 (1). »

Pour arriver à cette conclusion, que de *suppositions* gratuites il a fallu faire !....

Et d'abord on a-t-on trouvé que le sucre indigène a produit 40 millions de kilog. en 1841 ? le chiffre officiel est
de 26,000,000
l'administration estime la fraude à 1|5, soit.. 9,000,000

Total............... 55,000,000

---

(1) Question des sucres 1842, o. v. J.

Ces 35 millions n'ont produit que 6 millions de recettes. Mais il faut admettre que ce n'est pas là l'état normal. Les fabricans eux-mêmes (ceux de bonne foi bien entendu) ont fourni et continueront à fournir à la régie tous les renseignemens nécessaires à la suppression de la fraude. Déjà les tableaux publiés par la régie constatent les effets de la nouvelle ordonnance. Dans l'état normal donc, la recette eut été de 10 millions et plus, et c'est à ce chiffre qu'il faut la porter.

On *suppose* que, la sucrerie indigène disparue, ses produits remplacés par des sucres coloniaux, toutes les colonies fourniront à leur remplacement dans une proportion égale. On oublie que depuis longtems les Antilles n'augmentent plus leur production, que Bourbon seul augmente la sienne. Il faut donc supposer que , dans l'hypothèse admise, c'est le sucre de Bourbon qui remplacerait le sucre indigène ; qu'alors le droit perçu serait de 42 fr. 35 c. au lieu de 46 fr. 89 c.

Ces rectifications indiquées, fesons le compte.

Si ces 35 millions de sucre indigène étaient remplacés par 35 millions de sucre Bourbon à 42 francs 35 centimes , le trésor aurait donc bénéficié.................... 14,000,000

Moins le droit à percevoir sur le sucre indigène........................... 10,000,000

Différence en plus........ 4,000,000

Si ces 35 millions étaient remplacés par du sucre étranger à 74 francs 30 centimes on aurait..... 26,000,000

au lieu de......................... 10,000,000

Différence en plus....... 16,000,000

La moyenne serait donc de 10 millions et non pas de 6. Mais

pour arriver là, il faut encore supposer : 1° que la consommation, si elle n'augmente pas, restera au moins la même ; 2° que les 10 millions de bénéfice ne seront compensés par aucune perte.

On oublie, sans doute, que deux choses sont indispensables au développement de la consommation : le bas-prix de l'objet à consommer et l'aisance du consommateur. La mort d'un concurrent qu'on prétend redoutable n'est pas une mesure propre à faire baisser les prix ; et la suppression d'une industrie implantée dans les départemens les plus populeux de France, n'est pas un moyen d'y porter l'aisance nécessaire au développement de la consommation ; la misère la réduirait au contraire. On aurait une industrie agricole de moins et pas un écu de plus dans le trésor.

La sucrerie indigène d'ailleurs offre évidemment plus que des compensations à ce prétendu manque à gagner de 10 millions. En apportant partout l'aisance, en augmentant le prix des terres et le taux des salaires, elle a augmenté les recettes du trésor. Nous avons vu que, tandis que les contributions indirectes ne s'étaient accrues que de 17 1|4 p. °|₀ en moyenne pour toute la France, l'augmentation avait été pour le département du Nord de 35 p. °|₀ et pour l'arrondissement de Valenciennes de 30 p. °|₀ Mais passons ; il est un fait bien autrement grave.

La betterave n'a supprimé ni remplacé aucun produit agricole. Le sucre indigène n'a pas empêché le sucre colonial de trouver sa place sur notre marché ; il n'a nui en aucune façon au développement de notre commerce extérieur ; il est venu, produit nouveau, enrichir la France, sans nuire à personne. Que disons-nous, produit nouveau ? mieux que cela, produit supplémentaire, il ne détourne rien de ce que peut utiliser l'a-

griculture , puisqu'il lui laisse une récolte des plus abondantes
en nourriture pour le bétail ; il est une richesse supplémentaire,
vraiment créée, de 40 à 50 millions de francs chaque année, ré-
partie entre les propriétaires, les cultivateurs, les ouvriers, l'industrie manufacturière et le commerce intérieur. C'est donc un
capital de richesse nouvelle réellement créée produisant 30 millions par an et destiné à en produire bien plus dans l'avenir (1),

(1) « De 2 hectares de terre de même qualité et d'égale puissance in-
trinsèque de production, l'un situé dans certaine partie du département
du Nord, l'autre dans certaine partie de la Charente-Inférieure ou de
la Vendée , le premier se vend communément 5,000 fr. et le second à peine
800 fr., Pourquoi cette frappante différence de valeur vénale ? C'est
soyez-en sûr, parce que la même différence existe aussi dans le prix de
location , et conséquemment dans la valeur de produit qu'on sait reti-
rer ici et là. Ces exemples , que personne ne révoquera en doute, parce
qu'ils sont à la connaissance de tout le monde, démontrent donc que ,
bien que la fertilité du terrain puisse être intrinsèquement la même des
deux côtés, le capital foncier, représenté par une étendue de ce terrain,
n'en est pas moins très-réellement 6 fois 1/4 plus considérable dans le
premier cas que dans le second.

« Si donc la sucrerie de betterave , en s'introduisant dans le pays où
l'hectare ne vaut aujourd'hui que 800 fr. élevait ce prix vénal à 1,600 f.,
par exemple, n'est-il pas évident qu'elle y aurait doublé le capital foncier ?

« Un exemple va appuyer cette vérité. L'arrondissement de St.-Malo,
où la culture était arriérée, a été admis depuis 24 ans à cultiver le tabac,
plante qui, comme la betterave , améliore rapidement les terres par le
labour, la fumure et le sarclage qu'elle exige. Sur les 93,000 hectares
dont se compose l'étendue de cet arrondissement, l'autorisation d'y planter chaque année de 600 à 900 hectares en tabac, a suffi pour changer la
face agricole de tout le pays, faire mettre en pratique , de proche en
proche , même dans les communes non-autorisées, les meilleurs systèmes d'assolement et de culture, répandre la plus grande aisance dans les
campagnes, augmenter considérablement les baux, doubler et quelquefois tripler la valeur vénale de toutes les terres.

« On le voit donc, non seulement la suppression de la sucrerie indigène anéantirait en bâtimens , en mobilier, en travail , une énorme valeur plus ou moins susceptible de compensation équitable, non seule-

qu'il faut détruire sans retour pour un bénéfice problématique

---

ment elle nous enlèverait précisément le genre de manufacture le plus essentiel à notre situation continentale et à notre marché intérieur si éminemment agricole; mais elle aurait encore cette fatale conséquence, de causer *en pure perte et sans compensation possible*, un amoindrissement très-considérable dans le captial foncier de nos plus riches départemens. » (M. Mohoguier, Question des sucres, 1840, p. 125 et suivantes.)

Augmentation des salaires dans l'arrondis. de Valenciennes.

Population.................... 140,000 âmes
Population ouvrière agricole.... 70,000
dont 2/3 travaillant..... 46,000
dont les salaires augmentés de 50 centimes pendant 300 jours, comprenant les époques où il n'y avait point de travail et les enfans qui n'en avaient en aucune saison, donnent .... 6,900,000 f.

Ouvriers mineurs 8,900 augmentés de 50 centimes par 300 jours, donnent.................. 1,335,000 f.

Ouvriers industriels se rattachant à l'industrie indigène telle que chaudronniers, mécaniciens etc. 1,000 environ augm^s. de 50 centim............. 150,000
                                                                                            ―――――――
Soit au minimum........................ 8,385,000 f.

d'augmentation de salaires, conséquemment de débouchés en plus pour nos manufactures.

Si on doutait que l'accroissement du bien-être des ouvriers mineurs tient à la fabrication du sucre indigène, il suffirait de rappeler qu'en 1838, il a été constaté par les ingénieurs du gouvernement que sur une consommation totale de houille de 9,000,000 de quintaux, par le département du Nord, il y en avait 1,000,000 d'absorbés par la sucrerie indigène du même département.

Augmentation des salaires dans le seul arrondis. de St.-Quentin.

La journée de l'ouvrier des campagnes était de 80 c.

Quand les sucreries sont en activité elle est de	1 fr. 50		
Pendant les sarclages à l'entreprise........ 1	50		Augm.
Pendant le reste de l'année............. .1	20	1,35 — 55
Ce dernier prix fait la règle pour les ouvriers			
employés à la culture .... 1 fr. 20			
Les femmes gagnaient.....................	» 50		
Dans les sucreries elles gagnent...........	80		
Pour les sarclages..................... 1 fr. »		» 75	25
Dans les autres époques de l'année........	60		
Ce dernier prix est celui des fermes........	60		

Les enfans n'étaient point employés et ne poude 10 millions de recettes! Un gouvernement qui établirait tous les impôts sur cette base ne trouverait bientôt plus de contribuables pour les acquitter.

———

vaient pas l'être, les travaux de la campagne étant au-dessus de leur force ; aujourd'hui dès l'âge de 10 ans , ils travaillent dans les sucreries , au sarclage et à l'arrachement des betteraves , ils gagnent, suivant leur âge, de 40 à 60 c......... » 50   50

  La population de l'arrondissement est de ..... 110,000 âmes.
dont de la classe ouvrière........ 100,000
  Classe agricole........................ 50,000
dont 2/3 travaillant............. ....·..... 33,000

  En posant une moyenne d'augmentation de salaires de 40 c. sur 240 journées de travail, déduisant 60 jours consacrés à la moisson payés en blé , cela donne 3,168,000 fr. d'augmentation de salaires et conséquemment de débouchés nouveaux pour nos manufactures.

  Ce résultat est dû à 29 fabriques.

CONCLUSION.

—

Nous avons démontré

En droit :

Que le sucre indigène doit être protégé, et contre le sucre étranger, et contre le sucre colonial, comme toutes les industries nationales sont protégées contre leurs similiaires. Qu'on ne peut traiter d'égal à égal, le fabricant de sucre et le colon tant que ce dernier restera dans une position d'infériorité légale à l'égard de l'armateur, du négociant des ports, du raffineur et du cultivateur fabricant d'eau-de-vie.

En fait :

Que si la culture de la betterave ne se développe pas sur tout le territoire français, la volonté du législateur en est seule la cause, — que partout où elle se développe, loin de nuire à l'agriculture elle lui profite, sans compter qu'elle créé une richesse nouvelle importante, — qu'elle n'enlève à l'agriculture aucun de ses débouchés, débouchés dont d'ailleurs l'agriculture peut se passer facilement.

Que le sucre indigène n'a nui en rien au développement de notre commerce extérieur en général, ni à notre commerce maritime en particulier, ni même à notre commerce colonial, — que d'ailleurs ce dernier est loin d'avoir l'importance qu'on lui suppose.

Que jamais le sucre de betterave n'a pris la place du sucre colonial; qu'au contraire, dans ces derniers tems, 14 millions de kilog. de sucre colonial se sont substitués sur le marché à 14 millions de sucre indigène, — que la totalité du sucre colonial n'a pas cessé de trouver place sur notre marché, — Que le malaise des colonies n'a donc pas pour cause la concurrence du sucre indigène, mais la position précaire des colons et leur état d'exploitation par le négoce des ports.

Que l'intérêt maritime n'a pas plus souffert que l'intérêt commercial de la production du sucre indigène; — que la marine marchande et la marine royale vont au contraire en progressant, et que supposé que nos colonies vinssent à nous échapper, notre marine n'en souffrirait pas, le gouvernement consentant à lui faire faire les transports qu'il donne aujourd'hui à la marine étrangère.

Qu'enfin il est faux que le fisc ait perdu de ses recettes par la production indigène; — que ces recettes ont au contraire augmenté d'une manière notable et dans une proportion bien plus grande que toutes les recettes analogues; — que rien ne prouve que la substitution du sucre colonial au sucre étranger puisse avoir lieu de manière à augmenter les recettes du trésor, et que d'ailleurs cet avantage problématique serait compensé et au-delà par la diminution d'autres recettes et la suppression de richesses réellement créées représentant un capital considérable.

Il nous reste maintenant :

1° A montrer où est le mal ;
2° A en constater la cause ;
3° A en indiquer le remède.

§ I.

NATURE DU MAL.

Que les colons vendent tout leur sucre à la métropole à un prix suffisamment rémunérateur, ils n'auront en aucune façon à se plaindre de la betterave. Or, nous avons prouvé que tout leur sucre trouve place sur nos marchés ; seulement le prix en est trop bas. Le mal, pour les colons , est donc seulement dans la baisse incessante des prix.

Pour les fabricans de sucre, il faut distinguer. Ceux qui ont fermé leurs fabriques et ceux qui n'attendent que la solution de la question de l'indemnité pour cesser de produire. Ceux-là, disons-nous, ont été frappés , et par un droit prématurément élevé, et par la baisse des prix ; les autres sont dans la position des colons: des prix plus élevés leur permettraient de vivre malgré le droit actuel, de vivre mal sans doute , mais enfin ils ne mourraient pas et pourraient continuer à améliorer leurs terres et à donner du travail à leurs ouvriers.

En prenant pour point de départ la position que le législateur a faite aux deux industries sucrières, le mal réel, le seul , le vrai mal est pour l'une et pour l'autre dans la baisse des prix.

§ II.

CAUSE DU MAL.

Cette baisse hors de mesure a-t-elle pour cause un excédant de production? Nous avons fait voir que tout le sucre produit était consommé.

En supposant cet excédant de production, la baisse serait-elle due au sucre indigène ou au sucre colonial? A ce dernier evidemment, puisqu'il a donné 16 millions de kilog. de plus et le sucre de betterave 14 millions de moins.

Il est vrai de dire que les 16 millions produits en plus par le sucre colonial ayant déplacé 14 millions de sucre indigène dont la production a diminué d'autant , et la consommation ayant elle-même augmenté de 2 millions , il faut convenir que si le sucre de betterave ne peut être accusé d'avoir fait baisser les prix, l'augmentation de produits coloniaux n'a pu seul avoir cet effet.

Qui donc a été cause de la baisse des prix? Nous n'hésitons pas à le dire : le sucre étranger. Voici les faits qui nous ont conduit à cette certitude, nous prenons les chiffres ronds des 3 dernières années, déduction faite de la tare.

Il a été, en sucres étrangers ,

introduit en France,	acquitté,	réexporté après raffinage.
en 1859, 3,700,000 k. —	3,600,000 k. —	2,700,000 k.
en 1840, 16,600,000 k. —	6,600,000 k. —	5,100,000 k.
en 1841, 19,500,000 k. —	11,900,000 k. —	8,000,000 (1)

---

(1) Voir le tableau n° 10.

Au 31 décembre 1841, les basses-matières entrées dans la consommation, résultant du raffinage de l'année, et les bruts acquittés, non encore raffinés ou réexportés après raffinage, s'élevaient ensemble à 3,800,000 kilog. (1).

D'autre part, sur l'exportation des raffinés provenant de sucres soit coloniaux soit étrangers, on remarque que la part de chacun a été, comme suit :

	coloniaux,		étrangers
en 1839, —	6,900,000 kilog.	—	2,700,000 kilog.
en 1840, —	5,600,000	—	3,100,000
en 1841, —	40,000	—	8,000,000 (2).

de ces chiffres il résulte les faits suivans :

1° Accroissement annuel des quantités de sucre étranger entré dans nos entrepôts ;

2° Augmentation des quantités acquittées ;

3° Substitution complète, au raffinage pour l'exportation, du sucre étranger au sucre colonial.

Le mal ne s'arrête pas là. En vain, voudrait-on soutenir que les sucres étrangers n'entrant point dans la consommation, ne peuvent exercer aucune influence sur les prix des autres sucres; cette influence existe, elle est à la fois morale et matérielle ; elle est désastreuse

Les sucres étrangers pouvant être vendus à un prix donné, et une grande quantité de ces sucres étant en entrepôt, il est évident qu'ils menacent incessamment d'entrer en concurrence

---

(1) Voir le tableau n° 10.
(2)   Idem   n° 11.

avec les sucres coloniaux et indigènes, aussitôt que les prix de ces derniers seront remontés au taux auquel les sucres étrangers peuvent être vendus. D'où il suit indispensablement que le maximum de prix que peuvent demander les colons ou les fabricans n'est point déterminé par les besoins de la consommation, mais par le prix auquel on peut livrer les sucres étrangers. Si donc les sucres coloniaux et indigènes se trouvent en petites quantités sur le marché à certaines époques, ils ne peuvent profiter de cet avantage pour obtenir des prix meilleurs ; et quand bien même pas un kilog de sucre étranger ne leur ferait une concurrence réelle, la seule possibilité de cette concurrence arrête le prix au chiffre auquel le sucre étranger peut être livré. Voilà ce que nous appelons l'influence morale.

Et qu'on ne dise pas que cette influence est chimérique ! car de morale qu'elle est, elle devient physique aussitôt que les prix se relèvent, aussitôt que quelques barriques de sucres étrangers sont achetés, ce qui ne manque pas d'arriver toutes les fois que les prix remontent. M. Pommier, dans son rapport au conseil général d'agriculture, citait à l'appui de notre opinion l'exemple suivant, qui prouve à l'évidence qu'il n'en peut être autrement que nous venons de le dire : le 25 décembre 1841, le sucre de Porto-Ricco était côté, au Hâvre, à 24 fr. les 50 kilog. ; en y ajoutant 35 fr. 75 c. de droit, il resterait à 59-75 acquitté ; et la bonne 4.ᵉ de la Guadeloupe et de la Martinique se cédait, sur la même place à 58 fr. une hausse de 2 fr. sur le sucre colonial était donc *matériellement* impossible (1).

Il y a plus Nous avons comparé tout-à-l'heure la consom-

---

(4) Rapport de M. Pommier au conseil-général d'agriculture , 1842 ; p 7.

mation des sucres coloniaux et de betterave en 1837 et 1838
d'une part, et 1841 de l'autre, et nous avons trouvé que les
sucres coloniaux avaient déplacé 14 millions de kilog de sucre
indigène. Si maintenant nous étendons cette comparaison au
raffinage pour la réexportation, nous trouvons, comme nous ve-
nous de le dire, que 3 millions de kilog. de sucre étranger ont
déplacé 3 millions de sucre colonial. Nous voyons en résumé
(les chiffres indiquant les millions).

	sucres consommés			sucres réexportés raffinés		totaux.
	colon.	indig.		colon.	étrang.	
1837 et 38.	60 —	49		5 —	3 —	117
1841.....	76 —	55		0 —	8 —	119
En plus ...	16 —	»		» —	3	2
En moins..	» —	14		5 —	»	»

Nous voyons donc qu'en définitif lorsque nos marchés n'ont
offert aux 3 sucres qu'une augmentation de débouchés de
2 millions, le sucre colonial y a trouvé une augmentation de
11 millions et le sucre étranger de 3 (non compris les bas-pro-
duits restés sans droit dans la consommation), alors que le sucre
de betterave en a perdu 14.

Si donc le sucre étranger n'avait été sur nos marchés un
obstacle invincible à l'élévation des prix, s'il n'avait pas déplacé
5 millions de sucre colonial, les prix de nos deux sucres se
fussent infailliblement relevés et maintenus à un taux convenable ; et les colons n'eussent eu aucune plainte à formuler. La
cause du mal est donc évidemment dans la législation sur le
sucre étranger.

§ III.

MOYENS DE REMÉDIER AU MAL.

Le mal étant constaté, voyons quels remèdes on propose d'y apporter, disons un mot de chacun.

Suppression du sucre indigène.

Egalité immédiate des droits entre les sucres coloniaux et indigènes.

Egalité dans un tems donné avec augmentation progressive des droits sur le sucre indigène, ou diminution sur le sucre colonial.

Exportation directe des sucres coloniaux par navires français.

Elévation de la surtaxe des sucres étrangers et diminution du Draw-Back.

Le premier moyen, pour être le plus radical, ne serait pas pour cela le plus efficace. Sans parler de ce qu'il a d'anti-national, de barbare, d'odieux, sans examiner par combien de pertes réelles seraient compensées les avantages problématiques qu'on s'en promet, nous ferons seulement observer qu'il déplace la question. En effet, le problème n'est pas de savoir qui des deux sucres, indigène et colonial, doit être sacrifié; mais comment on les fera vivre tous deux. Et d'ailleurs, le sucre colonial, débarrassé de la concurrence du sucre indigène, rencontrerait celle du sucre étranger qui continuerait à faire le prix du marché ; la question, pour lui donc, resterait entière, il ne profiterait en aucune façon de la ruine des sucreries indigènes, qui en profiterait? « Ce seront, disait à la Chambre des Députés M. de Lamartine, les ennemis de votre industrie, ce seront les Antilles anglaises, les Américains et les Espagnols auxquels vous allez faire passer cette richesse et ce travail que vous vous disputez à vous-mêmes et que vous arracherez à vos concitoyens (1). »

L'égalité immédiate de droit est sous une autre forme la suppression du sucre indigène ; pour être moins loyal, le moyen n'en est pas moins sûr. En fait, il est de toute évidence qu'une industrie qui va diminuant chaque fois qu'on la frappe, ne saurait, quant à présent, supporter un coup aussi rude. En droit, nous avons démontré que les colons n'étaient nullement fondés à invoquer le principe de l'égalité des charges. Il faudrait d'ailleurs qu'ils sussent ce qu'ils entendent par cette égalité de droit qu'ils réclament, et nous sommes bien convaincus, que s'ils étaient appelés à l'expliquer clairement, ils ne seraient bientôt plus d'accord entr'eux. Qu'est-ce en effet que l'égalité du droit ? est-ce le droit de 45 fr. ou de 58 ? Si le principe est rigoureux, Bourbon ne peut y échapper. Dira-t-on que le principe doit fléchir devant la considération de la distance ? alors ce n'est plus l'égalité du droit qu'il faut réclamer, c'est un droit plus élevé sur le sucre indigène, car cette même considération doit être aussi comptée au sucre de la Martinique. Mais si la considération de la distance entre en ligne de compte, le sucre indigène doit être admis à faire valoir la considération du climat, de la richesse de la plante et du travail libre (2). Alors, nous le répétons, ce n'est plus l'égalité du droit, c'est le système de pondération.

L'égalité immédiate d'impôt n'est donc admissible ni en fait,

(1) Séance de la chambre des députés, 24 mai 1837.
(2) « Je pourrais répondre que les colonies ont bien un autre excédant de protection dans l'esclavage et le travail forcé, sans salaire. » (M. Delamartine, chambre des députés, du 24 mai 1837).

7

ni en droit. Elle ne serait un droit strict pour les colons qu'au tant qu'elle serait la conséquence de l'égalité de position, c'est-à-dire de l'émancipation commerciale et politique des colonies , de leur transformation en départements français. M. Ch. Dupin disait en 1836 : « Lorsqu'il s'est agi de mettre en balance des intérêts nationaux, je n'ai plus voulu de préférence. Alors j'ai réclamé, au nom de la justice, l'égalité des droits et des obligations, des charges et des faveurs. » — « Aujourd'hui plus que jamais je resterai fidèle à ces maximes (1). » Si M. Dupin était effectivement resté fidèle à ces maximes, nous serions parfaitement d'accord avec lui. Aujourd'hui qu'il en a changé, nous lui opposerons ce que disait , dans une circonstance analogue, la Chambre de commerce du Hâvre : « Il nous semble qu'il y aurait une condition première à remplir avant de lever les prohibitions qui subsistent dans nos tarifs : ce serait de placer les fabricants, autant que cela dépend du gouvernement , dans une situation semblable à celle de leurs concurrents (2). »

L'augmentation progressive du droit sur le sucre indigène , à jour fixe jusqu'à l'égalité, ou, ce qui revient au même, la diminution sur le sucre colonial, n'est pas plus admissible que l'égalité immédiate. Nous ne nions pas que l'industrie indigène ne soit destinée à faire des progrès tels que dans un temps plus ou moins rapproché elle ne puisse lutter à droits égaux avec le sucre colonial ; mais nous protestons de toutes nos forces contre toute prévision possible à cet égard ; car la plus légère erreur dans cette prévision pourrait , en frappant trop tôt l'industrie française , l'arrêter court et la ruiner complètement. Il n'est donné à per-

---

(1) Séances des conseils généraux , 19 janvier 1836.
(2) Enquête de 1834, t. 1. p. 61.

sonne de calculer la marche de la science et conséquemment celle
du progrès qu'elle est appelée à faire faire à l'industrie; il n'est
donné à personne de prévoir les circonstances innombrables
qui concourent à avancer ou à retarder la marche d'une industrie quelconque.

Par les prédictions faites jusqu'à ce jour, jugeons ce qu'on
peut prédire encore :

En 1829, M. Crespel déclarait qu'avant 10 ans la sucrerie
indigène pourrait à conditions égales soutenir la concurrence
de l'industrie coloniale (1); et cependant M. Crespel, pour n'a-
voir pas fait entrer dans ses prévisions la baisse très-probable
des prix (2), en est réduit à demander le rachat de ses 8 fabriques.

En mai 1857, M. Ch. Dupin publiait le tableau suivant :

*Progrès du sucre métropolitain et chute du sucre exotique
trois ans avant et trois ans après 1838 (3).*

Années.	Produits de la récolte immédiatement précédente.	Augmentat⁵. annuelles successives.	Consommations totales.	Sucres exotiques.
1834	7.295 900		75.391 994	68,096,094
1835	13,230.211	5.934,311	81,652.337	68,432,146
1836	30.349.340	17,119.129	89,894,966	59,545,526
1837	48.968.805	18,619.565	91,134,000	45,162,195
1838	68 068.805	19,100,000	98,566,000	30.497,195
1839	87,668.805	19,600,000	103 211,000	15,542,195
1840	107,668,805	20,000,000	108,074,000	305,185

(1) Enquête de 1829, p. 176.

(2) « Quand M. Crespel tenait ce langage il vendait son sucre 60 fr.
net. » (Mémoire des fabricants du Pas-de-Calais, février 1832, p. 10).

(3) Faits et calculs relatifs au Projet de Loi, p. 5.

Ce tableau, que M. Dupin présentait, de très bonne foi, nous n'en faisons aucun doute, comme une *hypothèse extrémement modérée, de beaucoup au-dessous de la vérité*, et qui cependant réduisait, pour 1840, la consommation du sucre exotique aux besoins du jour de l'an, ce tableau n'a-t-il pas l'air aujourd'hui d'une prophétie de l'almanach de Liège?

En présence de déceptions semblables, peut-on raisonnablement demander une loi qui dise à notre industrie : En 1843 tu auras fait tel progrès, en 1844 tel autre, et ainsi de suite ? Peut-on même songer à augmenter aujourd'hui le droit déjà trop lourd qui pèse sur elle? Évidemment non. Quand on veut mettre deux industries à même de se faire concurrence, quand l'une des deux a donné à la consommation 16 millions de kilog. de plus et l'autre 14 millions de moins, il serait insensé de frapper de nouveau celle qui cède la place au profit de celle qui l'usurpe.

L'exportation directe des sucres coloniaux serait une mesure avantageuse aux colonies et aux fabricants indigènes; en ne l'autorisant que par navires français, elle ne pourrait nuire à notre marine. Qu'on ne l'ait pas adoptée alors que la France avait avant tout besoin d'assurer sa consommation, on le comprend ; mais aujourd'hui nous n'en sommes plus là; et d'ailleurs les bons esprits ont toujours été d'avis de l'admettre (1).

---

(1) M. de *Maurepas* disait il y a déjà plus d'un siècle : « Si l'on a « exigé l'apport en France des sucres destinés à être réexportés, c'est « parce qu'on ne pensa pas alors qu'ils pussent déboucher directement « des îles pour les pays voisins; et si l'on réfléchit aux avantages qui ré- « sulteraient de ce transport direct, on trouvera que les sucres trans- « portés directement mériteraient une plus grande faveur que ceux qui

Pourquoi donc cette mesure éminemment utile est-elle repoussée? pourquoi, en supposant que les colons n'y aient aucun intérêt, ne pas faire pour les cultivateurs du Nord ce qu'on fait pour les cultivateurs du Midi, qui ne sont pas protégés seulement par un droit supplémentaire de 20 francs sur les rhums et taffias, mais encore par la permission de les expédier directement à l'étranger (1)? C'est, il faut le dire, parce qu'il y a dans les ports des hommes habiles, puissants, qui défendent avec adresse le monopole dont ils jouissent et redoutent une concurrence qui réduirait leurs immenses bénéfices au profit de ceux qui en souffrent.

Si donc on veut continuer à abandonner les colons à l'exploitation de quelques négocians des ports, il faut chercher un autre remède. Il faut laisser le marché français aux sucres colonial et indigène exclusivement et régler la part que chacun doit prendre dans la consommation. En d'autres termes, en excluant du marché les sucres étrangers, laisser la concurrence des coloniaux et des indigènes, faire le prix, et protéger également les uns et les autres, afin que ni l'un ni l'autre ne puisse déplacer son concurrent.

Nous entendons déjà les négociants des ports et les raffineurs se récrier que le sucre étranger n'entre point dans la consommation, qu'il est entièrement réexporté et que conséquemment

---

« sortent de France pour l'étranger, et qu'il serait à désirer, pour le « bien des îles françaises et pour le commerce du royaume, que ce « transport fût plus considérable. »

« Cent huit années n'ont pas vieilli l'avis de M. de Maurepas, » (De la législation coloniale dans ses rapports avec le sucre de canne, par M. Sénac, 1837, p. 26).

(1) M. Molroguier. p. 137.

il ne peut nuire aux sucres indigènes et coloniaux. A cela nous répondrons :

En réalité le sucre étranger entre en consommation, non-seulement par les bas produits qu'il laisse en franchise de droit, mais encore par les sucres en pains provenant de son raffinage et auxquels sont substitués, à la réexportation, des sucres coloniaux ; en effet, des sucres étrangers sont vendus, raffinés et consommés à Paris ou au Hàvre, et les acquits en sont vendus à Marseille qui réexporte des quantités équivalentes de sucres coloniaux. — Nous savons bien qu'à cela l'on objecte qu'il importe peu que les sucres réexportés soient coloniaux ou étrangers, dès que la quantité exportée correspond à la quantité de sucres étrangers acquittés. Cela serait vrai, si, depuis la nouvelle loi, cette quantité de sucre étranger acquitté n'avait pas augmenté aux dépends de celle exportée autrefois provenant de sucre colonial. Mais la quantité de raffinés exportés depuis 10 ans restant la même (8 millions environ annuellement (1), il est arrivé que 5 millions de raffinés coloniaux ont cessé d'être réexportés et que toute la réexportation porte aujourd'hui sur le sucre étranger ; ou, plus exactement, une même quantité de sucre colonial est bien réexportée raffinée, mais 5 millions environ de raffinés étrangers sont consommés en France, au lieu de 5 millions de sucres coloniaux. — C'est ce qu'il importe d'empêcher. — Et le moyen, le seul, le vrai moyen, c'est de ne permettre le raffinage du sucre étranger qu'en entrepôt et pour la réexportation.

L'élévation de la surtaxe sur les sucres étrangers et l'abaisse-

---

(11) Voir le tableau n° 11.

ment du rendement sont des moyens sans doute, mais ils ont l'inconvénient de n'être pas francs. Ou on veut la concurrence étrangère, ou on ne la veut pas.

Si on la veut, il faut nettement admettre le sucre étranger aux dépens du travail national et colonial.

Si on ne veut pas de cette concurrence, il faut l'exclure positivement et non par des moyens détournés qui ne satisferont personne.

Mais, nous dira-t-on, pour protéger un travail national, vous proposez d'en supprimer un autre. — Pas le moins du monde. — Si, comme on le prétend, tout le sucre étranger est réexporté, il continuera à l'être sans aucun obstacle. Si au contraire il s'est substitué au sucre colonial et si la mesure a pour effet de faire rentrer les choses dans leur ancien état, le travail national n'en souffrira pas davantage ; raffiner 8 millions de sucre étranger ou 5 millions de sucre colonial et 3 millions de sucre étranger c'est toujours raffiner 8 millions de sucre. — Mais alors plus de spéculation sur les acquits, plus de moyens de baisse sur les marchés par la présence des sucres étrangers, plus de jeu de bourse dont profite le spéculateur et dont souffrent également le producteur colon et le producteur français ; voilà ce qu'on redoute et ce qu'on n'ose avouer ; voilà ce à quoi le gouvernement et les Chambres doivent mettre un terme, et dans l'intérêt de l'industrie, et dans l'intérêt de la moralité qui doit présider au commerce.

Mais, si vous chassez, dira-t-on encore, le sucre étranger du marché, si vous livrez ce marché aux deux sucres français, si enfin, comme vous l'espérez, les prix se relèvent, ce sera aux dépens du consommateur et il faut que le consommateur ait le sucre au plus bas prix possible.

Nous sommes de ceux qui voudrions que le consommateur eût le sucre au plus bas prix possible ; mais d'abord il faut convenir qu'on ne peut avoir à bas prix une denrée sur laquelle repose un impôt élevé. Le plus bas prix possible du sucre, n'est donc pas ce qu'on recherche , mais bien plutôt l'impôt le plus fort possible.

Admettons toutefois la question sur ce terrain.

Comment entend-on le plus bas prix possible du sucre ? est-ce d'une manière abolue ? est-ce relativement aux prix de revient des producteurs français et coloniaux ? — Si c'est d'une manière absolue, il faut mettre un droit égal sur tous les sucres étrangers et français, ou plutôt supprimer tous les droits. Mais ce n'est pas ainsi que l'entendent ni les colons ni le trésor. — Si l'on entend par le plus bas prix possible du sucre, le plus bas prix auquel peuvent le livrer au consommateur les colons et les fabricans, impôt payé, il faut établir un impôt proportionnel tel que tous puissent vivre , mais en se faisant une suffisante concurrence pour réduire les bénéfices à de justes limites ; c'est ce qu'on a voulu faire jusqu'ici et on est arrivé à pondérer les deux sucres, de telle façon que l'un a apporté sur le marché 16 millions de kilog. de plus et l'autre 14 de moins. — C'est qu'aussi on a cru à la possibilité d'une chose impossible : l'établissement sérieux des prix de revient des deux industries. — Inutile d'ajouter que, dans ce système, un troisième rival est de trop; qu'on peut arriver sans lui au plus bas prix possible. Car ici la concurrence étrangère n'est point nécessaire comme stimulant de l'industrie nationale qui , nous le reconnaissons , lorsqu'elle est protégée outre mesure , s'endort sur des bénéfices certains et ne fait aucun progrès.

Nous voilà donc revenus au système de pondération, le seul vrai, le seul juste ; système auquel on revient forcément après avoir en vain discuté tous les autres ; car il faut bien reconnaître qu'entre deux industries qui fournissent au pays un même produit avec des élémens qu'il est impossible de comparer , ce n'est point par *l'égalité du droit* qu'il faut procéder , mais par *l'égalité de protection*. Et parce qu'on n'a pu jusqu'ici établir cette égalité, ce n'est pas une raison pour la déclarer impossible ; mais c'en est une au contraire pour considérer comme insuffisans les moyens employés et en rechercher d'autres. Le principe est bon, les moyens sont mauvais ; il faut trouver d'autres moyens, voilà le problème.

Le sucre colonial , avons-nous dit , entre dans la consommation de la France, pour......... 76 millions de kilog.

Le sucre indigène pour......... 35

Le sucre étranger s'étant substitué pour 5 millions au sucre colonial , pour les raffinés destinés à la réexportation, il faut ajouter.......... 5

Total........ 116

On admettra sans difficulté que la consommation ne peut tarder d'aller à 120 millions en y comprenant les sucres réexportés raffinés provenant de sucres bruts coloniaux. On admettra également que la part des deux sucres peut être faite ainsi :

80 pour le sucre colonial ,
40 pour le sucre indigène.

120

Toute la question se réduit donc à maintenir à chacun des deux sucres, non par le chiffre indiqué, mais sa part proportionnelle dans la consommation , soit : 2|3 pour le sucre colonial , 1|3 pour le sucre indigène. Pour y arriver, il suffit de varier la proportion du droit suivant que l'un ou l'autre dépasse la part qui lui est assignée. Par exemple : est-il constaté que dans l'année écoulée le sucre indigène a produit plus du tiers du sucre entré en consommation : qu'on augmente l'impôt qui pèse sur lui. Est-il constaté au contraire que les quantités de sucre colonial acquittées pendant l'année ont outrepassé les 2|3 des sucres mis en consommation, qu'on diminue le droit sur le sucre indigène ; par ce moyen on arriverait, en admettant toutefois un maximum et un minimum de droit, on arriverait, disons nous , à protéger également les deux sucres et à les tenir en équilibre. On ne peut y parvenir en bâsant la loi sur des prix de revient que ni les uns ni les autres ne donneront jamais exacts, qu'on n'a aucun moyen sérieux de vérifier ; tandis qu'il est évident que l'industrie qui augmente sa production est en voie de prospérité, et que celle qui la diminue est dans *des conditions moins bonnes.*

Ce que nous disons du sucre indigène, par rapport au sucre colonial, est également applicable au sucre Bourbon par rapport aux sucres des autres colonies.

C'est sur ces bâses que nous croyons qu'il est juste, équitable, d'asseoir une loi qui résoudrait la question si long-tems controversée :

1° Exclusion du sucre étranger du marché de la France en lui réservant le raffinage en entrepôt ;

2° Augmentation ou diminution du droit sur le sucre indig'ne suivant qu'il entrerait pour plus ou moins du tiers dans le chiffre total de la consommation;

3° Augmentation ou diminution du droit sur le sucre de Bourbon suivant qu'il entrerait pour plus ou moins du quart dans l'importation coloniale.

En terminant, nous conjurons les colons de s'unir à nous , si la tyrannie des ports leur laisse encore quelque liberté d'action. Nous les en conjurons au nom de leur intérêt qui est identiquement le même que celui des fabricans métropolitains; ce qu'ils comprenaient parfaitement en 1833, alors que dans les observations qu'ils adressaient aux Chambres , ils s'exprimaient en ces termes :

« Les colonies n'ont jamais réclamé contre la protection que le gouvernement accorderait à cette industrie (celle du sucre indigène); elles n'ont jamais prétendu se rendre juges des encouragemens qui lui étaient donnés , quoiqu'elles eussent été fondées à se plaindre, peut-être, de la manière dont elles étaient comparativement traitées. Aujourd'hui *les producteurs des sucres français, colons et métropolitains , doivent demander , et demandent avant tout, que la consommation intérieure du royaume leur soit exclusivement réservée.*

« On ne manquera point de vous dire qu'il ne s'agit pas de favoriser les sucres étrangers, mais seulement de procurer du travail aux raffineries. Alors nous répondrons que *si les raffineries ont des droits à la protection du gouvernement , les fabricans de sucre français qui représentent , quant au nombre des individus et à l'importance des produits, de bien autres intérêts, ne doivent pas être sacrifiés à cette industrie (1). »*

Valenciennes le 10 décembre 1842,

EDOUARD GRAR.

———

(1) Observations sur le Projet de Loi relatif à la tarification des sucres, p. 17. Ce mémoire est signé par, MM. Le Vice Amiral comte Jacob président, Florian, Baron Cools, Foignet, Azema, Sully-Brunet, Favart.

DÉCISION.

La Société d'Agriculture de Valenciennes, avant de sanctionner ce travail, crut devoir le soumettre à l'examen et au contrôle des personnes qu'elle jugea plus à même d'en discuter la valeur, d'en apprécier l'esprit, l'importance et l'opportunité. Des membres du comité des fabricans de sucre de Valenciennes (1), ceux du comité des industries annexes (2), ceux du comité général des fabricants conservateurs (3), furent par elle convoqués à cet effet, et ils répondirent exactement à son appel. Au jour fixé pour la réunion, 17 décembre dernier, ce travail fut lu par son auteur et soumis par la Société à l'examen le plus sévère, à la discussion la plus consciencieuse. Toutes les personnes qui assistaient à la séance, tant membres de la société qu'étrangers appelés, ayant à l'unanimité approuvé ce travail dans son ensemble et dans chacune de ses dispositions, la Société a déclaré qu'elle l'adoptait, et décidé qu'il serait imprimé et distribué en son nom à Messieurs les Ministres et à Messieurs les Membres des deux chambres.

---

(1) MM. Blanquet, D. Gouvion, Hamoir, Moreau, Carlier Mathieu, Brabant et Dervaux.

(2) MM. Charles Gellé, président du tribunal de commerce, Dupont et Tancrède (les deux autres étant membres de la société).

(3) MM. Fouquier d'Hérouel, et Duplaquet (de l'Aisne).

TABLEAU Nº 1.

SITUATION COMPARATIVE DE L'INDUSTRIE SUCRIÈRE QUANT AU NOMBRE DE SES FABRIQUES, DE 1828 A 1841.

(Enquêtes de 1828, 1832, 1836, 1837. Carte annexée au Rapport de M. d'Argout, même année, et Rapport de M. le général Bugeaud 1840.)

DÉPARTEMENS.	NOMBRE DE FABRIQUES DANS LES ANNÉES							
	1828	1830	1836	1837	1838	1839	1840	1841
Ain..................	»	»	»	»	5	»	»	»
Aisne...............	6	10	51	44	51	40	56	58
Allier...............	»	»	1	1	2	1	2	1
Ardennes...........	»	»	»	2	2	2	1	1
Ariége..............	»	»	»	»	1	»	»	»
Aube...............	»	1	»	»	»	»	»	»
Aude...............	»	»	»	»	»	»	»	»
Bouches-du-Rhône..	»	»	»	5	2	»	1	»
Calvados...........	»	»	»	2	7	5	1	»
Charente-Inf^re...	1	2	2	2	7	2	2	5
Cher...............	»	»	1	4	5	2	»	1
Côte-d'Or..........	2	1	1	5	6	7	6	6
Côtes-du-Nord.....	»	»	1	1	1	»	1	»
Creuse.............	»	»	»	2	»	»	»	»
Dordogne..........	»	»	»	»	1	»	»	»
Doubs.............	»	»	»	»	1	1	»	»
Drôme.............	»	1	2	2	5	2	2	2
Eure..............	»	»	»	»	1	»	»	»
Eure-et-Loir.......	»	»	1	1	1	1	»	1
Finistère..........	»	»	»	»	1	»	»	»
Gard..............	»	»	»	»	1	»	»	»
Garonne (Haute-).	»	»	»	5	5	»	»	1
Gers..............	»	»	1	1	»	»	»	»
Gironde...........	»	1	»	»	»	»	»	»
Hérault...........	»	»	»	1	»	»	»	»
Ille-et-Vilaine....	»	»	»	»	1	»	»	»
Indre.............	»	»	»	»	»	»	1	1
Indre-et-Loire....	»	1	2	2	1	1	1	»
Isère..............	»	1	15	12	10	7	5	5
Jura..............	»	»	»	5	2	2	2	2
Landes............	»	»	»	1	»	»	»	»
Loir-et-Cher......	1	1	1	2	2	2	2	1
Loire.............	»	1	»	»	1	1	»	»
Loire-Inférieure..	»	1	1	1	1	»	»	»
Loiret............	1	1	4	4	5	5	5	»
Lot-et-Garonne...	»	»	»	»	2	»	»	»
Lozère............	»	1	»	»	»	»	»	»
Maine-et-Loire....	»	5	2	1	1	»	»	»
Marne............	1	»	»	1	1	»	»	1
Marne (Haute-)...	2	2	2	2	1	»	»	»
Meurthe..........	2	2	5	5	7	4	5	4
Meuse............	»	»	1	2	2	1	1	1
Morbihan.........	»	»	1	1	»	»	»	»
Moselle...........	2	2	5	5	5	6	6	6
Nord.............	11	51	209	226	196	175	175	160
Oise..............	»	2	8	12	10	10	7	7
Orne.............	»	»	»	»	1	1	1	»
Pas-de-Calais....	16	56	91	138	117	85	74	81
Puy-de-Dôme.....	»	»	2	5	12	12	12	11
Rhin (Bas-).....	»	»	5	4	4	2	1	1
Rhin (Haut-)....	»	1	1	1	»	»	1	»
Saône (Haute-)..	»	1	2	5	6	5	4	4
Saône-et-Loire...	»	5	5	1	2	2	2	2
Sarthe...........	»	»	1	1	1	1	1	1
Seine............	1	2	6	6	10	5	5	2
Seine-Inférieure..	»	»	5	4	2	2	1	»
Seine-et-Marne...	»	»	1	5	4	4	2	5
Seine-et-Oise....	1	2	1	7	8	6	4	5
Sèvres (Deux-)...	»	»	»	1	»	»	»	»
Somme...........	10	25	28	51	47	59	56	58
Tarn-et-Garonne.	»	»	»	5	4	2	1	»
Var..............	»	»	»	»	1	»	»	»
Vaucluse.........	»	»	5	4	2	1	1	»
Vendée...........	»	»	1	1	»	»	»	»
Vienne (Haute-).	»	»	1	1	»	»	»	»
Vosges...........	»	»	»	»	»	»	1	1
Yonne...........	»	»	»	»	4	2	1	1
67 départemens..	58	155	456	585	575	420	589	598

MOUVEMENT DES FABRIQUES dans les 44 départemens qui en avaient en 1837.

Le nombre a décru dans............ 1
Il a été en progrès dans........... 25
Il a été stationnaire pour 14, dont l'existence constatée remonte................ { à 1828 pour 3, à 1830 pour 3, à 1836 pour 8.
Reste............ 6 dans lesquels la fabrication ne datait que de 1837.

TOTAL........... 44

Départemens produisant le sucre en 1837, ou favorables à cette industrie (voir le tableau suivant), classés par région.

RÉGIONS.	Départemens ayant des fabriques de sucre.	Départemens qui, sans avoir de fabriques, ont voté pour l'industrie sucrière.	TOTAL.
Sud-Ouest...	4	1	5
Nord.......	10	»	10
Nord-Est...	7	2	9
Ouest......	6	2	8
Centre.....	6	»	6
Est........	4	1	5
Sud-Ouest..	2	2	4
Sud........	2	5	5
Sud-Est....	5	1	4
TOTAUX...	44	12	56

Augmentation et diminution du nombre des fabriques de 1828 à 1841.

ANNÉES.	NOMBRE.	AUGMENTATION.	DIMINUTION.
1828	58	»	»
1830	155	75	»
1836	456	505	»
1837	585	149	»
1838	575	»	10
1839	420	»	155
1840	589	»	51
1841	398	9	»

Fabriques supprimées depuis 1837.. 196
Fabriques créées ou ayant repris leurs travaux.................. 9

Diminution......... 187

Nord-O... Mayenne..	{ Le conseil voit ... ment de la ... également c ... manière à c
Nord....	{ Le conseil émet
Pas-de-Ca... lais.	{ Il exprime le ... s'il devient n ... cède avec tr
Somme...	{ Le conseil émet ... La fabricati ... don des sel ... tout le noit ... dustrie nous ... tard, une ta ... avant cinq a
Seine-Inf..	{ Vœu pour que ... la plus gran ... loment et la ... encourage
Eure - et - Loir...	{ Il supplie le ge ... d'impôt sor
Seine - et - Oise...	{ Le conseil est ... question d'i
Seine - et - Marne.	{ Le conseil géné ... par un impô ... à l'agricultu
Ardennes.	{ Vœu pour que ... de tout impo
Marne...	{ Le conseil éme ... elle est meu
Meuse...	{ Le vrai moyen ... d'un impôt s
Moselle..	{ Le conseil expr ... de la better
Meurthe..	{ Le conseil éme ... impôt penda
Aube....	{ L'industrie de ... sa naissance, ... duite, la con ... indigène, et ... les sucreries
Haute-Marne...	{ Le conseil émet ... soient soumi
Haut-Rhin	{ Le conseil géné ... du sucre de ... importe tant
Indre - et - Loire...	{ Le conseil, pen ... tout projet te
Deux - Sè- vres...	{ Le conseil expri ... exempt d'imp
Vienne...	{ Le conseil expr ... tivement ajo ... aura établi ... approvisionné ... scrupuleusem ... ment dans le
Luiret...	{ Le conseil est e ... indigène, atte ... ment aux pré ... pouvoir soute ... une diminutio ... vernement po

(1) En 1842, le conseil général du dé... sertise à la France, et reçoive la protect

ES DES CONSEILS GÉNÉRAUX DES DÉPARTEMENS EN 1836 ET 1837.

(Analyse des votes des Conseils généraux en 1836 et 1837.)

L'INDUSTRIE INDIGÈNE.

e 2,500 fr., en 1837, à celui qui établira, dans le départe-
importante fabrique de sucre de betterave. — Il demande
ne pas les fabriques de sucre qui pourraient se former, de
dric.

uc le sucre de betterave ne soit frappé d'aucun impôt.

ation du sucre de betterave ne soit point imposée, mais que
ble d'établir un impôt sur cette précieuse industrie, on pro-
s nécessaires pour ne pas en arrêter l'essor.

abrication du sucre indigène ne soit grevée d'aucun droit,
pour conséquence une meilleure culture des terres, l'aban-
ouvriers nombreux, surtout à une époque de l'année où ils
rcrait exclusivement dans quelques mains opulentes. Si, plus
dispensable, le conseil demande qu'elle ne soit pas établie

dans ses projets d'impôt sur la betterave, n'agisse qu'avec
Établir un principe théorique d'impôt, et l'appliquer abso-
ait tuer une industrie nouvelle dont le pays espère un grand
l'agriculture.

avo iser la culture de la betterave et d'ajourner son projet

réts les plus évidens du pays commandent d'ajourner toute
de betterave,

la fabrication du sucre indigène ne puisse être entravée
cette industrie dès sa naissance, et ferait le plus grand tort

s au moins, la fabrication du sucre indigène soit affranchie

oliure de la betterave ne soit point soumise aux droits dont

es progrès à l'agriculture, c'est de retarder l'établissement
iterave, qui sera fatal s'il n'est différé.

ne soit, quant à présent, établi aucun impôt sur la culture

ouveaux établissemens de ce genre soient affranchis de tout
ières années de leur formation.

sucre indigène, vitale pour l'agriculture, n'est encore qu'à
utenir sans la protection à l'ombre de laquelle elle s'est pro-
qu'il ne soit établi, en ce moment, aucun impôt sur le sucre
ques années, un impôt doit être établi, il ne porte que sur
ou quatre ans d'existence.

ucres indigènes, étant le produit d'un sol déjà trop grevé, ne

le gouvernement ajourne tout projet d'imposer la fabrication
ne pas comprimer cette industrie naissante dont la prospérité

es immenses de la culture de la betterave, émet le vœu que
le sucre indigène soit différé.

e sucre de betterave soit encore, pendant quelques années,

toute proposition d'impôt sur le sucre indigène soit défini-
une somme de 1,000 fr. pour le cultivateur qui, le premier,
rique de sucre indigène dans une exploitation agricole, et
vres de betteraves au moins, et exprime le vœu que le gou-
somme à la seconde fabrique établie dans le départe-
us mêmes conditions.

pas lieu, quant à présent, à établir un impôt sur le sucre
pêt et l'exercice qui en serait la suite nuiraient essentielle-
dustrie naissante; mais pour mettre les colonies à même de
ince, il regarderait comme juste et convenable qu'on opérât
s des sucres coloniaux. Il s'en rapporte, au surplus, au gou-
e cette diminution.

issn a émis le vœu que la fabrication du sucre indigène soit cou-
le à droit.

Centre..	Cher....	Le conseil demande que le gouvernement accorde une protection spéciale aux fabriques de sucre indigène, et que l'impôt auquel on pourrait proposer de les soumettre soit assez modéré pour ne pas empêcher ces fabriques de se répandre dans les départemens du centre, où elles forment de véritables écoles d'agriculture pratique.
	Allier....	Le conseil, considérant que la culture de la betterave, et, par suite, la fabrication du sucre indigène, sont d'un immense avantage pour l'agriculture, et qu'une taxe imposée à ses produits arrêterait le développement que cette culture a pris depuis plusieurs années; que cet impôt lui paraît difficile à percevoir et funeste dans ses résultats, déclare s'opposer énergiquement à toute mesure tendant à frapper d'une contribution le sucre indigène.
	Puy-de-Dôme....	Le conseil demande que la taxe sur le sucre de betterave soit ajournée à quelques années.
Est	Côte-d'Or	Le conseil demande, dans l'intérêt de l'agriculture, qu'il ne soit point établi d'impôt sur le sucre indigène.
	Haute-Saône...	Le conseil émet le vœu que le gouvernement favorise et protège la culture de la betterave et la fabrication du sucre indigène qu'elle produit.
	Doubs..	Les branches de l'industrie agricole qu'il est important d'encourager sont: la culture..... des betteraves.
	Isère...	La question est difficile à résoudre : d'un côté, l'intérêt au moins apparent du trésor, de nos colonies, des villes maritimes, du commerce intérieur, de la marine même; d'un autre côté, une industrie naissante, mais féconde, arrêtée au moment où elle se mettait en marche pour répandre ses bienfaits sur tous les départemens du royaume. Quel choix feront les hommes d'état sur lesquels repose l'avenir du pays? — Persuadé de la grandeur des avantages que la fabrication du sucre indigène est de nature à offrir à l'agriculture et aux classes ouvrières de la métropole, le conseil émet le vœu que cette industrie soit exempte de toute taxe qui pourrait entraîner son anéantissement.
Sud-Ouest	Lot-et-Garonne .	Le conseil reconnaît en principe que le sucre indigène, livré au commerce par les fabriques existantes, est une matière éminemment imposable, et qu'il est juste que ce nouveau produit dédommage le trésor des pertes qu'il lui cause; mais il émet le vœu que les fabriques qui se formeront à l'avenir soient exemptes d'impôt pendant trois ans et que la culture de la betterave soit dégagée de toute entrave.
	Haute-Garonne..	Le conseil pense que si un impôt est établi sur la fabrication du sucre indigène, la loi doit être dégagée de toute mesure trop rigoureuse; que l'impôt doit être progressif et subordonné à l'état de la culture et à l'importance de cette industrie, surtout dans les départemens méridionaux.
	Hautes-Pyrénées.	Le conseil émet le vœu que le gouvernement favorise l'établissement du sucre de betterave en accordant des primes pour cet objet.
Sud.....	Cantal...	Il reconnaît que la fabrication de sucre de betterave doit être soumise à l'impôt, sauf à exempter les établissemens nouvellement formés pendant les deux premières années de leur existence.
	Lot....	Que toutes les branches de l'industrie agricole du département réclament généralement l'appui du gouvernement; mais que la culture... des betteraves... doit être l'objet d'un encouragement tout spécial.
	Tarn....	Vœu pour que le gouvernement trouve le moyen de renoncer à frapper d'un impôt les sucres indigènes, et que, dans le cas où un impôt serait indispensable, on l'établisse de manière à ne pas entraver les avantages que la culture de la betterave a déjà procurés et promet encore à l'agriculture.
sud-Est..	Drôme...	Le conseil demande que, par un impôt ou prématuré ou trop élevé sur les sucres indigènes, on ne contrarie pas le développement d'une industrie naissante qui a besoin de protection, et qui promet à notre agriculture une nouvelle source de produits et de richesses.
	Gard.....	Si un impôt doit atteindre le sucre indigène, le conseil exprime le vœu que la taxe soit assez modérée pour ne pas arrêter l'essor de cette nouvelle et précieuse industrie, qui doit un jour dédommager nos cultivateurs du bas prix des céréales.

VOTES POUR LE SUCRE COLONIAL.

Nord-O...	Ille-et-Vilaine.	Le conseil exprime le regret que le délai fixé pour la perception du droit sur les sucres indigènes soit trop long, et, par suite, préjudiciable au sucre colonial, qui, dès lors, ne peut soutenir la concurrence. — Il émet le vœu que le droit sur le sucre indigène soit au plus tôt augmenté dans une juste proportion, et de manière à établir l'équilibre et la balance entre ces deux produits.
Sud.....	Pyrénées-Orientales	Vœu formel de soumettre à l'exercice la fabrication du sucre indigène et les mélasses. Le conseil général pense qu'il y a lieu d'imposer sur cette production un droit de 25 fr par 100 kilog., et de réduire de 10 fr. par 100 kilog le sucre de nos colonies.

VOTES POUR LES SUCRES ÉTRANGERS.

Ouest....	Loire-Inférieure.	Organe des intérêts commerciaux et maritimes du département, le conseil réclame instamment un dégrèvement de droit d'entrée sur les sucres exotiques.
Sud-Ouest	Gironde..	Le conseil émet un vœu pour qu'on diminue les droits d'entrée qui frappent sur les sucres coloniaux étrangers importés en France.

TABLEAU N° 3.

IMPORTANCE DES DÉPARTEMENS QUI ONT ÉMIS DES VŒUX DANS LA QUESTION DES SUCRES.

(Statistique de la France publiée par le Ministre du Commerce. — Territoire.—Population.)

RÉGIONS.	DÉPARTEMENS.	ÉTENDUE TERRITORIALE EN HECT.		POPULATION.	
		Pour le sucre indigène.			
Nord-Ouest	Mayenne..........	514,868	.... 514.868	561,765	 561,765
Nord.....	Nord............	567,863		1,026,417	
	Pas-de-Calais......	655,645		664,654	
	Somme..........	614,287		552,706	
	Seine-Inférieure...	602,912	4,112,850	720,525	4,024,825
	Eure-et-Loir......	548,504		285,058	
	Seine-et-Oise......	560,337		449,582	
	Seine-et-Marne....	565,482		525,881	
Nord-Est..	Ardennes........	517,585		306,861	
	Marne..........	817,057		345,245	
	Meuse..........	620,555		517,701	
	Moselle..........	552,796	4,755,167	427,250	2,778,281
	Meurthe........	608,922		424,566	
	Aube...........	606,597		255,870	
	Haute-Marne......	625,045		255,969	
	Haut-Rhin........	406,052		447,019	
Ouest.....	Indre-et-Loire.....	611,679		504,271	
	Deux-Sèvres......	607,550	1,895,029	504,105	 896,378
	Vienne..........	676,090		288,002	
Centre....	Loiret..........	667,679		516,189	
	Cher............	720,880	2,909,778	276,855	1,491,750
	Allier	725,981		509,270	
	Puy-de-Dôme......	797,238		589,458	
Est	Côte-d'Or........	856,445		585,624	
	Haute-Saône......	550,990	2,741,678	345,298	1,578,841
	Doubs..........	525,212		276,274	
	Isère...........	829,051		575,645	
Sud-Ouest.	Lot-et-Garonne....	550,711		546,400	
	Haute-Garonne....	618,558	1,501,059	454,727	1,045,297
	Hautes-Pyrénées...	452,790		244,170	
Sud......	Cantal..........	582,959		262,117	
	Lot	525,280	1,682,216	287,005	 895,754
	Tarn............	573,977		546,614	
Sud-Est...	Drôme...	655,557	1,245,665	505,499	 671,758
	Gard..........	592,108		366,259	
		Pour le sucre colonial.			
Nord-Ouest	Ille-et-Vilaine	668,697	 668,697	547,249	 547,249
Sud.......	Pyrénées-Orientales	411,625	 411,625	164,525	 164,525
		Pour les sucres étrangers.			
Ouest.....	Loire-Inférieure...	681,704	 681,704	470,768	 470,768
Sud-Ouest.	Gironde..........	975,100	 975,100	555,809	 555,809

IMPORTANCE PROPORTIONNELLE DES DÉPARTEMENS QUI ONT EXPRIMÉ LEUR OPINION.

	ÉTENDUE territoriale.	PROPORTION approximative.	POPULATION.	PROPORTION approximative.
Toute la France.....	52,768,600		33,540,910	
Pour le sucre indigène	21,558,290	1/2	15,744,617	1/5
Pour le sucre colonial.	1,080,320	1/52	711,574	1/48
Pour le sucre étranger	1,656,804	1/52	1,026,577	1/55

COMMERCE DE LA MÉTROPOLE AVEC LA MARTINIQUE, LA GU...

Documens statistiques publiés en 1833 par M. le Ministre du Commerce

(Commerce extérieur

ANNÉES.	NOMS des COLONIES.	IMPORTATIONS DES QUATRE COLONIES.	
		Valeur des marchandises destinées à la métropole et constatées à la sortie des ports des colonies.	Valeur des marchandises entrées en France, dites provenant des colonies.
1823...	Martinique.......	12,749,675 ⎫	14,144,844 ⎫
	Guadeloupe......	15,709,624 ⎪ 33,500,629	15,970,968 ⎪ 34,471,563
	Guyane..........	1,250,195 ⎬	825,539 ⎬
	Bourbon........	7,591,159 ⎭	5,530,592 ⎭
1824...	Martinique.......	15,880,648 ⎫	16,413,382 ⎫
	Guadeloupe.....	19,595,212 ⎪ 45,137,303	24,500,785 ⎪ 48,918,829
	Guyane	2,579,086 ⎬	1,273,296 ⎬
	Bourbon........	7,282,357 ⎭	6,751,368 ⎭
1825...	Martinique	17,558,504 ⎫	17,157,827 ⎫
	Guadeloupe......	16,572,978 ⎪ 45,564,155	17,064,053 ⎪ 44,445,673
	Guyane...	2,499,798 ⎬	2,605,223 ⎬
	Bourbon........	8,933,075 ⎭	7,620,590 ⎭
1826...	Martinique	21,203,008 ⎫	22,225,845 ⎫
	Guadeloupe......	21,195,853 ⎪ 52,686,655	21,896,230 ⎪ 57,526,595
	Guyane	1,934,517 ⎬	1,946,164 ⎬
	Bourbon........	8,353,277 ⎭	11,260,156 ⎭
1827...	Martinique.......	19,769,263 ⎫	20,903,074 ⎫
	Guadeloupe.....	19,759,100 ⎪ 51,124,982	21,080,974 ⎪ 55,569,588
	Guyane	1,702,791 ⎬	2,475.073 ⎬
	Bourbon	9,893,828 ⎭	10,510,467 ⎭
1828...	Martinique	21,641 087 ⎫	20,999,677 ⎫
	Guadeloupe.....	23,283,799 ⎪ 58,120,407	23,959,954 ⎪ 59,164,207
	Guyane	980,023 ⎬	2,455,791 ⎬
	Bourbon	12,215,498 ⎭	11,790,785 ⎭
1829...	Martinique	17,214,610 ⎫	20.640,837 ⎫
	Guadeloupe......	21,905,464 ⎪ 56,151,463	23,236,852 ⎪ 61,454,190
	Guyane	1,564,457 ⎬	1,342,963 ⎬
	Bourbon........	15,666,952 ⎭	14,253,558 ⎭
1830...	Martinique	15,300,716 ⎫	19,833,277 ⎫
	Guadeloupe.....	20,288,543 ⎪ 49,917,032	20,823,871 ⎪ 58,244,922
	Guyane	1,583,692 ⎬	2,881,355 ⎬
	Bourbon........	12 744,279 ⎭	14,706,439 ⎭
1831...	Martinique.......	11,722,932 ⎫	18,992,039 ⎫
	Guadeloupe.....	16,023,508 ⎪ 38,549,541	26,185,619 ⎪ 62,605,692
	Guyane	1,511,001 ⎬	2,426,758 ⎬
	Bourbon	9,291,900 ⎭	15,005,276 ⎭
1832...	Martinique	11,849,019 ⎫	16,405,537 ⎫
	Guadeloupe......	14,843,622 ⎪ 40,422,097	25,366,978 ⎪ 56,682,661
	Guyane..........	1,411,572 ⎬	2,000,328 ⎬
	Bourbon	12,315,884 ⎭	14,911,818 ⎭
	MOYENNE....	47,097,426	55,888,572

LOUPE , LA GUYANE ET BOURBON , PENDANT DIX ANNÉES.
166 et suiv.—Statistique de la France publiée par le même Ministre.
1162 et suivantes.)

XPORTATIONS AUX QUATRE COLONIES.		VALEUR TOTALE des importations et exportations	
aleur des marchandises enant de la métropole, ltatée à l'entrée dans les s des colonies.	Valeur des marchandises françaises exportées à destination pour les colonies.	constatées dans les ports des colonies.	constatées dans les ports de France.
297,566 259,310 367,808 577,823 } .19,502,509	15,706,024 12,930,216 1,811,717 4,018,866 } .54,466,825	54,805,158	68,948,386
412,451 272,564 195,456 394,851 } .23,575,502	16,172,966 17,717,997 5,051,509 4,845,114 } .41,787,586	68,510,805	90,706,215
687,027 994,551 772,942 517,620 } .29,771,920	19,575,626 14,881,180 2,162,596 5,558,956 } .42,176,158	75,556,075	86,621,841
059,445 144,222 722,855 074,558 } .41,980,578	26,627,502 20,346,940 1,667,690 9,718,655 } .58,360,787	94,667,255	115,657,182
455,507 847,112 018,947 055,985 } .42,375,559	25,299,692 19,459,694 2,542,977 8,719,782 } .54,022,145	95,501,541	109,559,203
164,596 875,589 552,519 841,754 } .40,814,258	20,962,138 20,129,515 2,215,827 8,506,580 } .51,811,858	98,954,662	110,976,065
840,927 020,757 214,869 842,242 } .41,218,775	20,612,590 22,040,855 1,828,525 15,568,550 } .60,049,898	97,570,258	121,504,088
791,905 855,616 990,970 597,569 } .28,056,058	12,450,825 11,285,909 1,814,266 11,254,610 } .56,785,610	77,955,090	95,050,652
795,897 926,807 966,185 001,578 } .21,688,260	15,649,590 12,817,515 1,755,409 5,709,619 } .51,929,755	60,278,608	94,655,525
175,000 879,842 072,544 109,155 } .52,956,559	19,260,640 22,491,104 1,944,779 5,171,978 } .48,868,501	75,558,636	105,551,162
52,569,755	46,025,919	79,471,382	99,917,009

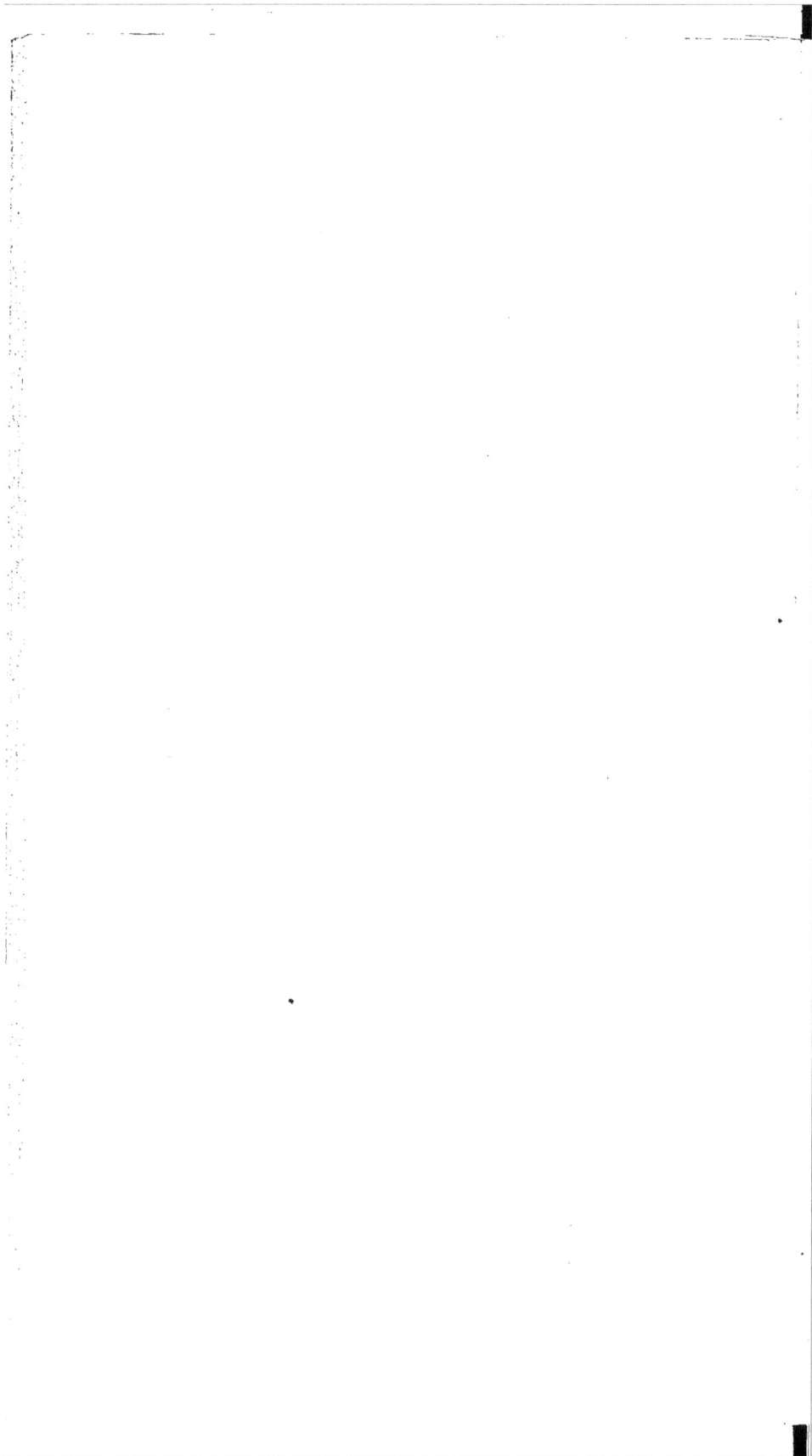

TABLEAU Nº 5.

ÉTAT comparatif du commerce de la Martinique et de la Guadeloupe,

1788 ET MOYENNE DE 1822 A 1851.

(Statistique d'Herbier, t. VII, p. 60 et suiv.; Documens statistiques publiés par M. le Ministre du Commerce en 1853.)

	MARTINIQUE 1788.	MARTINIQUE MOYENNE de 1822 à 1851.	GUADELOUPE 1788.	GUADELOUPE MOYENNE de 1822 à 1851.	ENSEMBLE 1788.	ENSEMBLE MOYENNE de 1822 à 1851.
EXPORTATIONS.						
Marchandises fournies à la métropole, pour....	fr. 25,610,000	fr. 16,319,851	fr. 15,055,000	fr. 18,500,562	fr. 40,695,000	fr. 34,820,215
Marchandises fournies à l'étranger et aux colonies, pour....	7,717,000	3,373,538	1,599,000	2,464,673	9,316,000	6,838,211
	33,357,000	19,693,389	16,652,000	20,965,035	50,009,000	41,658,426
IMPORTATIONS.						
Marchandises reçues de la métropole, pour....	15,135,000	15,916,915	5,363,000	11,675,539	20,498,000	25,590,472
Marchandises reçues de l'étranger et des colonies, pour....	9,198,000	5,784,719	3,424,000	4,068,542	12,622,000	7,855,061
	24,331,000	17,701,632	8,786,000	15,741,901	33,117,000	33,445,533

Commerce des sucres, cafés et cotons.

	1788.	MOYENNE de 1822 à 1851.
Exportation des deux colonies....	fr. 50,007,000	fr. 41,658,424
Importations....	35,117,000	33,445,535
Ensemble.......	85,126,000	75,081,957

QUANTITÉS LIVRÉES.	1788.	MOYENNE de 1822 à 1851.
Sucres { Martinique....	k. 13,512,959	k. 20,654,200
Guadeloupe....	7,436,294	29,222,526
Ensemble.....	20,949,923	49,856,526
Cafés..........	5,158,624	1,835,242
Cotons..........	927,477	125,851

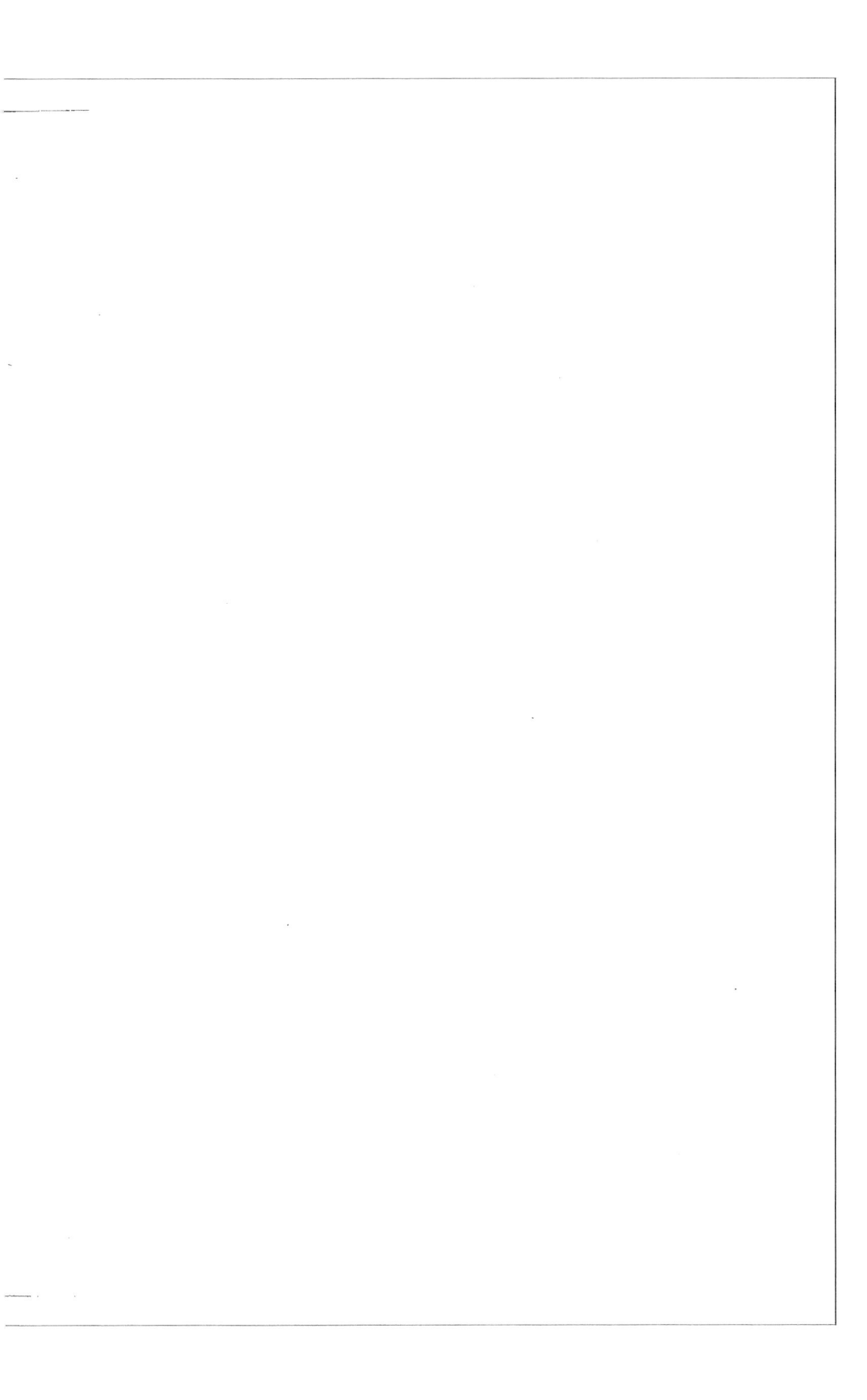

TABLEAU I

COMMERCE GÉNÉRAL

(Documens fournis aux conseils généraux

VALEUR *totale du commerce extérieur de la France, et part*

ANNÉES.	COMMERCE.						
	PAR TERRE.			PAR MER.			IMPOR
	Importations.	Exportations.	TOTAL.	Importations.	Exportations.	TOTAL.	
1825......	200,300,000	203,200,000	403,500,000	333,300,000	464,100,000	797,400,000	555,6
1826......	174,200,000	182,400,000	356,600,000	590,500,000	578,100,000	768,600,000	564,7
1827......	199,600,000	156,800,000	356,400,000	566,200,000	445,600,000	811,800,000	565,8
1828......	205,800,000	165,900,000	371,700,000	401,900,000	444,000,000	845,900,000	607,7
1829......	195,600,000	167,500,000	363,100,000	420,800,000	440,500,000	861,100,000	616,4
1830......	187,700,000	163,600,000	551,300,000	450,600,000	409,100,000	859,700,000	638,5
1831......	178,900,000	163,900,000	542,800,000	333,900,000	454,500,000	788,200,000	512,8
1832......	181,500,000	207,800,000	389,100,000	471,600,000	488,500,000	960,100,000	652,9
1833......	226,200,000	215,900,000	442,100,000	463,100,000	550,400,000	1,017,500,000	695,5
1834......	225,900,000	216,600,000	442,500,000	494,500,000	498,100,000	992,400,000	720,20
1835......	281,000,000	221,200,000	502,200,000	479,700,000	613,200,000	1,092,900,000	760,70
1836......	327,700,000	244,400,000	572,100,000	577,900,000	716,900,000	1,294,800,000	905,60
1837......	265,800,000	233,700,000	499,500,000	544,000,000	522,400,000	1,066,400,000	807,80
1838......	307,900,000	261,100,000	569,000,000	629,200,000	694,800,000	1,524,000,000	957,10
1839......	290,900,000	246,400,000	537,300,000	636,100,000	756,900,000	1,413,000,000	947,00
1840......	297,800,000	284,300,000	582,100,000	754,500,000	726,600,000	1,481,100,000	1,052,50

(1) On ne perdra pas de vue que les valeurs portées dans ce tableau, étant des valeurs officielles, se tr
supérieures, pour les dernières, aux valeurs réelles, que l'abaissement successif du prix des sucres a cons

LA FRANCE.

lture en 1841, p. 20)

rend le mouvement colonial, de 1825 à 1840.

ERCE TOTAL.		PART que prend dans le *commerce par mer* LE COMMERCE AVEC LES COLONIES. (Martinique, Guadeloupe, Bourbon, Cayenne.)			
PORTATIONS.	TOTAL.	IMPORTATIONS.	EXPORTATIONS	TOTAL.	PROPORTION p. 0/0.
67,500,000	1,200,900,000	44,400,000	44,100,000	88,500,000	11
60,500,000	1,125,200,000	59,100,000	58,900,000	118,000,000	13
02,400,000	1,168,200,000	55,400,000	50,800,000	116,200,000	14
09,900,000	1,217,600,000	59,200,000	49,400,000	108,600,000	13
07,800,000	1,224,200,000	62,000,000	61,800,000	123,800,000	14
72,700,000	1,211,000,000	58,200,000	57,100,000	95,500,000	11
18,200,000	1,151,000,000	62,600,000	50,200,000	92,800,000	12
96,500,000	1,549,200,000	56,700,000	51,700,000	108,400,000	11
56,500,000	1,439,600,000	54,500,000	54,000,000	88,500,000	9
14,700,000	1,454,900,000	60,400,000	59,800,000	100,200,000	10
54,400,000	1,595,100,000	61,000,000	43,200,000	104,200,000	10
81,500,000	1,866,900,000	58,500,000	46,200,000	104,500,000	8
58,100,000	1,565,900,000	48,900,000	48,800,000	97,700,000	9
55,900,000	1,895,000,000	62,500,000	48,000,000	110,500,000	8
05,300,000	1,950,500,000	66,600,000 (1)	45,700,000	112,500,000	8
0,900,000	2,065,200,000	55,900,000	50,500,000	105,400,000	7

r conséquent, en ce qui concerne l'importation des colonies en France, fort
it réduites.

MOUVEMENT GÉNÉRAL DE LA NAVIGAT

Avec comparaison des forces respectives des pavillons frança

ANNÉES.	NAVIGATION COLONIALE.		PÊCHERIES.		NAVIGATION DE CONCURRENCE			
					Par NAVIRES FRANÇAIS.		Par NAVIRES ÉTRANG	
	Tonneaux.		Tonneaux.		Tonneaux.		Tonneaux.	
1850.............	206,000		109,000		592,000		1,040,000	
1851.............	222,000		82,000		440,000		824,000	
1852.............	218,000		100,000		550,000		1,176,000	
1853.............	185,000		116,000		496,000		1,086,000	
1854.............	224,000		111,000		545,000		1,255,000	
1855.............	225,000		134,000		573,000		1,251,000	
1856.............	219,000		124,000		696,000		1,460,000	
1857.............	199,000		138,000		771,000		1,480,000	
	(1)		(1)		(1)		(1)	
1858.............	207,000	258,000	150,000	175,000	870,000	1,000,000	1,626,000	1,870,0
1859.............	195,000	222,000	140,000	160,000	1,010,000	1,162,000	1,587,000	1,825,0
Moyenne décennale.	210,000	216,000	122,000	126,000	652,000	660,000	1,279,000	1,527,0
1840.............	175,000	199,000	130,000	149,000	908,000	1,044,000	1,685,000	1,958,0

(1) A partir de 1838, le mode de jaugeage des navires a été modifié. Il a réduit l'évaluation officielle du
années antérieures à cette modification, il a donc été nécessaire de placer dans ce tableau, en regard des ch
eût été conservé; ils figurent dans la colonne de droite.

LA FRANCE.

nnage) DE 1830 A 1840 ,

anger dans la navigation de concurrence.

TOTAL de la NAVIGATION.	PART proportionnelle de la NAVIGATION COLONIALE		OBSERVATIONS.
	dans la navigation par bâtiment français. (Col. 1, 2 et 3)	dans l'ensemble de la navigation.	

En additionnant les chiffres des colonnes 1, 2 et 3, on a le chiffre total de la navigation par navires français; cette navivagation était donc ,

Tonneaux.			En 1830, En 1840,
1,747,000	29 p. 0 0	12 p 0 0	Colonies..... 206,000 t. 199,000 t.
1,568,000	27	14	Pêcheries.... 109,000 149,000
2,024,000	26	11	Concurrence. 392.000 1,044,000
1,881,000	25	10	———— 707,000 1,392,000 Si on en déduit les colonies...... 206,000 199,000
2,155,000	26	11	
2,185,000	24	10	On a 501,000 1,193,000 501,000
2,499,000	21	9	Progrès en 10 ans ... 692,000
2,608,000	18	8	La navigation étrangère qui était, en 1840, de .... 1,958,000 t.
(1)			était, en 1830, de....... 1,040,000
3,000	3,281,000	17	7	Progrès........... 898,000
0,000	3,369 000	14	7	La navigation française, dans les colonies, a donc augmenté, sur le chiffre
3,000	2,329,000	21	9	de 1830, de............... 14/10
6,000	3,550,000	14	6	La navigation étrangère ne s'est accrue que d'environ.. 9/10

TABLEAU de la Consommation officielle de la France, de l'Impôt et

(D'après les divers documents afferents pub...)

ANNÉES	SUCRES DE CANNE					SUCRE de BETTERAVE	CONSOMMATION totale.	DROITS PERÇUS SUR LES SUCRES		
	AYANT ACQUITTÉ LES DROITS			RÉEXPORTÉS après raffinage.	RESTÉS en consommation effective.	Quantités produites.		de cannes.	de betteraves.	Ensemble.
	coloniaux.	étrangers.	Ensemble.							
	A	B	C	D	F	G	H	fr.	fr.	fr.
	k.	k.	k.	k.	k.	k.	h.			
1812	»	»	8,055,080	»	8,055,080	»	8,055,080	28,549,454	»	28,549,454
1813	»	»	6,925,102	»	6,925,102	»	6,925,102	24,105,152	»	24,105,152
1814	»	»	27,105,861	»	27,105,861	»	27,105,861	15,478,257	»	15,478,257
1815	»	»	16,919,120	»	16,919,120	»	16,919,120	11,940,726	»	11,940,726
1816	17,677,475	6,912,600	24,590,075	»	24,590,075	»	24,590,075	18,655,776	»	18,655,776
1817	51,419,157	5,117,724	36,535,861	57,588	36,579,275	»	36,579,275	52,669,146	»	52,669,146
1818	29,874,585	6,144,536	36,019,119	74,700	55,944,419	»	55,944,419	21,417,075	»	21,417,075
1819	54,360,577	5,400,766	39,761,345	96,392	59,664,951	»	59,644,951	22,037,154	»	22,037,154
1820	40,752,205	7,864,546	48,616,751	512,745	48,104,006	50,000	48,154,006	25,410,506	»	25,410,506
1821	43,372,386	3,067,441	46,439,827	1,985,025	44,454,804	100,000	44,554,804	21,884,954	»	21,884,954
1822	52,307,050	3,173,954	55,481,004	2,627,571	32,853,655	300,000	35,155,655	29,651,676	»	29,651,676
1823	58,344,721	2,998,135	41,342,856	3,952,586	57,590,270	500,000	38,090,270	21,944,965	»	21,944,965
1824	56,882,087	3,149,035	60,051,122	4,982,685	55,048,439	800,000	55,848,439	29,245,808	»	29,245,808
1825	55,187,949	2,892,557	56,080,506	7,533,825	48,546,685	1,000,000	49,546,685	25,020,911	»	25,020,911
1826	69,315,681	2,148,235	71,463,916	7,056,574	64,407,542	1,500,000	65,907,342	31,275,444	»	31,275,444
1827	59,373,255	944,376	60,317,631	9,520,492	50,797,139	2,000,000	52,797,159	24,056,455	»	24,056,455
1828	70,922,969	679,887	71,602,856	10,347,624	61,255,252	2,665,000	63,920,252	28,774,618	»	28,774,618
1829	74,010,058	529,094	74,559,152	12,313,978	62,225,374	4,380,000	66,605,374	27,657,989	»	27,657,989
1830	68,884,944	741,992	69,626,938	15,451,377	54,175,559	5,500,000	59,675,559	22,645,507	»	22,645,507
1831	81,289,571	443,803	81,735,374	14,210,582	67,542,792	7,000,000	74,542,792	27,151,488	»	27,151,488
1832	82,247,661	346,606	82,594,267	19,924,631	62,669,636	9,000,000	71,669,636	20,885,620	»	20,885,620
1833	69,918,686	1,588,176	71,506,862	13,749,070	57,757,792	12,000,000	69,757,792	21,651,552	»	21,651,552
1834	66,475,430	4,366,804	70,842,234	5,202,124	65,640,110	20,000,000	85,640,110	51,729,750	»	51,729,750
1835	69,559,548	3,292,480	72,632,028	8,555,306	64,076,722	30,000,000	94,076,722	50,995,748	»	50,995,748
1836	66,188,958	1,012,853	67,201,791	10,947,033	56,254,758	40,000,000	96,254,758	26,638,686	»	26,638,686
1837	66,489,668	3,342,966	69,832,634	9,541,675	60,290,959	48,968,805	109,259,764	50,751,515	»	50,751,515
1838	68,146,685	3,309,480	71,456,065	11,159,857	60,316,208	49,256,091	109,542,299	29,564,724	707,792	30,272,516
1839	71,615,062	3,653,340	75,268,402	11,699,965	63,568,437	39,199,408	102,767,845	24,844,110	3,572,994	28,217,104
1840	78,445,086	6,666,560	85,111,446	10,406,837	74,704,609	22,748,957	99,453,566	50,164,526	4,557,444	54,721,960
1841	74,278,922	11,941,761	86,220,683	9,928,359	76,292,324	26,959,897	103,252,221	55,021,913	6,789,454	41,808,547

sivement).

OBSERVATIONS.

. Les chiffres de cette colonne n'indiquent pas les sucres coloniaux apportés en France, mais ceux qui ont acquitté les droits, et conséquemment ceux qui ont été livrés soit à la consommation directe, soit au raffinage, ou pour l'intérieur, ou pour l'exportation.
. Même observation pour les sucres étrangers.
. Cette colonne donne le total des sucres de cannes, coloniaux ou étrangers ayant acquitté les droits, et conséquemment entrés dans la consommation ou livrés au raffinage.
. « On prend ici le poids réel des quantités de sucre raffiné et de mélasse pour lesquels la prime de sortie a été payée, sans faire aucune supputation du rendement plus ou moins élevé des sucres bruts au raffinage ; on part de cette donnée, que tout ce qui n'est pas ressorti a été consommé à l'intérieur sous une forme quelconque, soit mélis, soit lumps, vergeoise ou mélasse. Sans doute, 100 kilog. de sucre parfaitement raffiné n'ont pas été obtenus de 100 kilog. de sucre brut ; mais si, pour le produire, il a fallu travailler 150 ou même 240 kilog. de brut, ces 150 ou 240 kilog. n'ont pas pour cela été détruits en fabrique, et les résidus ont servi à quelque chose. En définitive, ils ont satisfait au besoin *des consommateurs peu difficiles.*
« Pour les années antérieures à 1823, les états de douane ne donnent que la somme des primes et non les quantités de sucre de diverses espèces qui sont ressorties après raffinage. On a supposé que la prime étant de 1 fr. par kilog. pour mélis, la somme des francs exprimait aussi celle des kilog. ; ce que cela peut avoir d'inexact influe bien peu sur les résultats. » (Observations du tableau joint à l'exposé des motifs de la loi présentée à la Chambre des pairs, le 1er avril 1837.)
Nous avons calculé le reste sur les mêmes bases.
. Des explications données sur les colonnes précédentes il résulte qu'en soustrayant les chiffres du sucre réexporté (colonne D) du chiffre des sucres ayant acquitté les droits (colonne C), on a la quantité de sucre de canne soit colonial, soit étranger, livrée à la consommation. Que cette consommation ait été immédiate, ou qu'elle se soit reportée sur les premiers mois de l'année suivante, il importe peu. Le fait est que tout a été livré à la consommation de la France.
. Les chiffres donnés dans cette colonne sont ceux de la production. Comme tout est consommé en France, que ce soit immédiatement ou après quelques mois, tout le sucre n'en est pas moins consommé. — Le chiffre de chaque année comprend la campagne commencée en octobre de l'année précédente.
. En ajoutant à la quantité de sucre de cannes qui a acquitté les droits et n'a pas été réexporté (colonne F), le chiffre de la production indiquée (colonne G), on a le chiffre de la consommation totale de la France.

RÉSUMÉ PAR MOYENNES DÉCENNALES.

	SUCRES DE CANNES					SUCRE de betterave.	CONSOMMATION totale.	DROITS perçus.	PRIX.
	ACQUITTÉS.			Réexportés.	Consommés.				
	Coloniaux.	Étrangers.	Ensemble.						
	Millions de kilogrammes.							Millions de francs.	Le kilog.
1re période, 1812 à 1821.	»	»	23	»	28	»	28	21	5 f. 22 c.
2e période, 1822 à 1831.	62	1	65	8	55	2	57	26	2 36
5e période, 1832 à 1841.	71	4	75	11	64	29	93	29	1 79
En 1841.	74	11	86	10	76	20	105	41	1 65

TABLEAU N° 9.

MOUVEMENT DES SUCRES BRUTS COLONIAUX DE 1852 A 1841.

ANNÉES.	IMPORTÉS.	ACQUITTÉS	RÉEXPORTÉS annuellement en brut.	OBSERVATIONS.
	poids brut. kilog.	poids net kil.	poids net kil	Les opérations commerciales et indus-
1852.....	77,507,799	82,247,661		trielles ne commençant ni ne finissant
1853.....	75,597,245	69,918,686		avec le calendrier, nous avons pensé qu'il
1854.....	83,049,141	66,473,450		serait rationnel de prendre des moyennes
1855.....	84,249,890	69,559,348		d'exportation. Pour y arriver, après avoir
1856.....	79,526,022	66,188,958		déduit du chiffre quinquennal des importa-
				tions la tare estimée par l'administration des
Total.....	399,550,095	354,879,285		douanes en moyenne à 10 p. °/₀, nous
Tare.....	39,955,009			avons soustrait des quantités importées les
				quantités acquittées. Ces quantités étant
				entièrement livrées, soit à la consomma-
Poids net.	359,577,086			tion intérieure, soit au raffinage pour
Acquittés..	354,879,285			l'exportation, il en résulte que la diffé-
				rence représente les quantités qui n'ont pu
				trouver place sur notre marché et ont dû
Différences	4,706,801	div. p. 5 =	941,560	conséquemment être réexportées brutes.
				Le chiffre de cette différence, divisé par 5,
				donne la moyenne des 5 années d'exporta-
1857.....	66,555,565	66,489,668		tion. On voit, par la comparaison des deux
1858.....	86,992,808	68,146,683		moyennes quinquennales et par le chiffre
1859.....	87,664,895	71,615,062		exact de 1841, que l'exportation du brut,
1840.....	75,545,696	78,445,636		qui d'ailleurs est assez insignifiante, va
1841.....	85,918,642	74,278,922		en décroissant.
Total.....	402,655,602	358,975,521		
Tare.....	40,265,560			
Poids net..	362,590,042			
Acquittés..	358,975,521			
Différences	5,416,721	div. p. 5 =	683,544	
1841.....	85,918,642			
Tare.....	8,591,864			
Poids net..	77,526,778	74,278,922	357,607 (1)	

(1) Ce chiffre est celui de la réexportation exacte des sucres bruts coloniaux pendant l'année 1841 (nous le devons à l'obligeance de M. le directeur général des douanes; il fait partie des renseignemens contenus dans sa lettre du 16 juillet 1842), il nous conduit à la conséquence suivante :

Importés en 1841.. 77,326,778 kil.
Acquittés... 74,278,922 } 74,636,529
Réexportés.. 357,607 }
Restait donc en entrepôt au 1er janvier 1842, sur l'importation de 1841...... 2,690,249
Soit pour la consommation de 15 jours environ.

ANNÉE
1855...
1856...
1857...
1858...
1859...
1840...
1841...
R
ANNÉE
1855....
1856....
1857....
1858....
1859....
1840....
1841....

TABLEAU N° 10.

MOUVEMENT DES SUCRES ÉTRANGERS DE 1835 A 1841.

T	ACQUITTÉS	RÉEXPORTÉS après raffinage.	RESTANT.	EXCÉDANT.	OBSERVATIONS.
kil.	kil.	kil.	kil.	kil.	
),861	3,292,480	2,940,257	552,223	»	Tout est compté au poids net. Conséquemment la 1ʳᵉ colonne est de 10 p. c/o au-dessous des chiffres officiels qui indiquent l'importation au poids brut.
),400	1,012,833	884,844	127,989	»	
),621	3,342,966	3,865,946	»	522,980	
),737	3,509,480	2,929,890	579,590	»	Tous ces chiffres sont pris dans les documens officiels.—Pour connaître les restans exacts, il faudrait en ôter la partie des quantités de mélasses réexportées provenant des sucres étrangers.
7,137	3,655,340	2,789,575	865,765	»	
),770	6,666,360	5,177,335	1,489,025	»	
5,152	11,941,761	8,065,485	3,876,276	»	

TABLEAU N° 11.

TION DES SUCRES ET MÉLASSES APRÈS RAFFINAGE, DE 1835 A 1841.

RAFFINÉS provenant de		MÉLASSES.	TOTAL.	OBSERVATIONS.
es au..	sucres étrangers.			
kil.	kil.	kil.	kil.	
9,625	2,940,257	4,555,424	8,555,306	Tout est compté au poids net. Ces chiffres sont extraits des documens fournis aux commissaires des sucres nommés par la chambre des députés et des documens publiés annuellement par la douane.
8,752	884,844	3,523,457	10,947,055	
6,297	3,865,946	1,559,432	9,541,675	
0,672	2,929,890	2,619,295	11,139,857	
3,720	2,789,575	1,996,670	11,699,965	
6,767	5,177,335	1,552,735	10,406,837	
0,952	8,065,485	1,821,922	9,928,359	

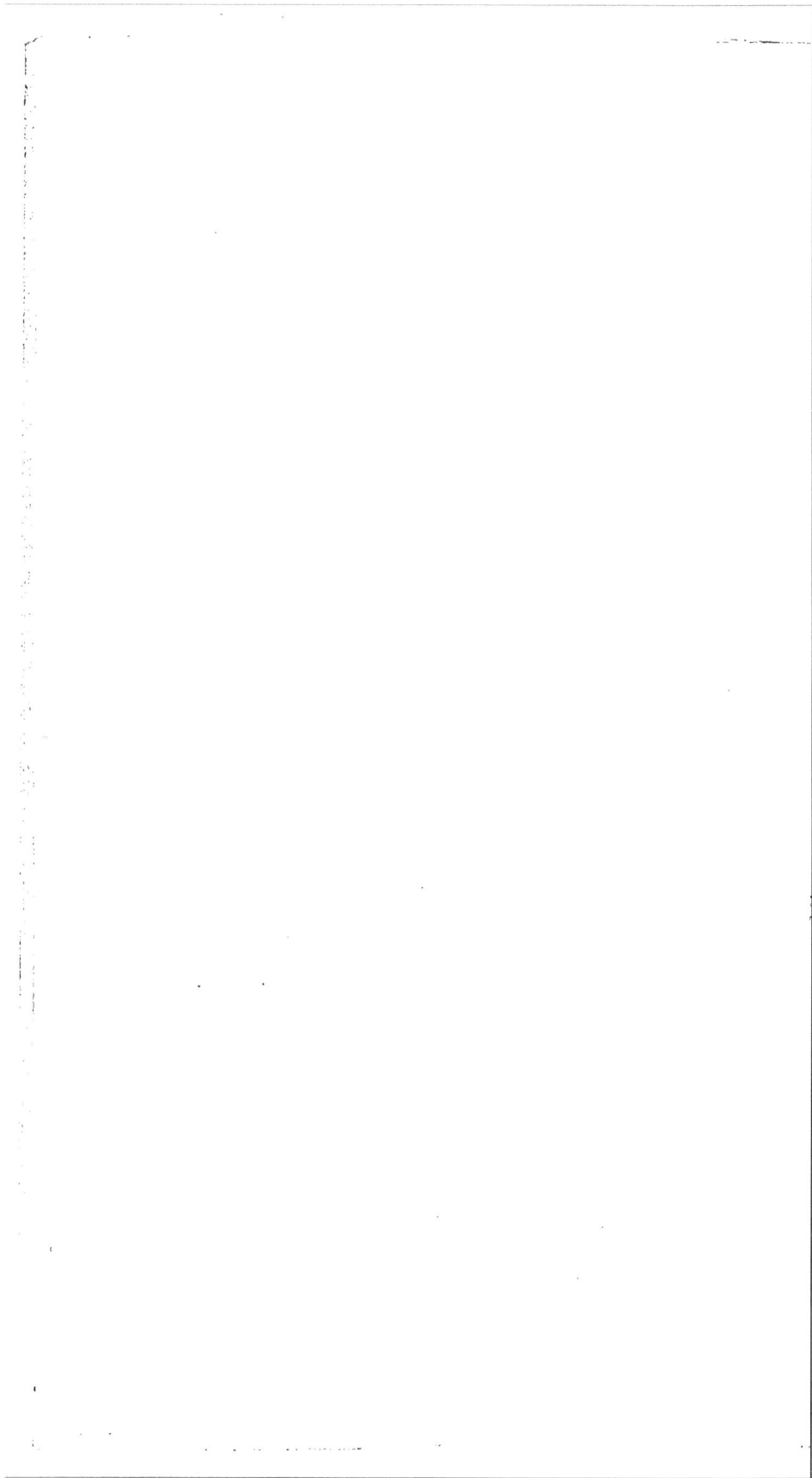

TABLEAU N° 12.

ÉTAT DES ACCROISSEMENS DES DIFFÉRENS IMPÔTS INDIRECTS EN 1840 ET 1841.

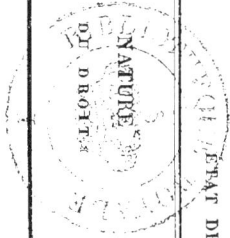

NATURE DU DROIT.	PRODUIT en 1839.	EN 1840. Augmentation.	EN 1840. Proportion.	EN 1841. Augmentation.	EN 1841. Proportion.	OBSERVATIONS.
	fr.	fr.		fr.		
Enregistrement, greffe, etc.	186,187,000	5,627,000	1/62	4,590,000	1/47	
Timbre	53,909,000	565,000	»	Diminution.	»	
Douanes, navigation, etc.	82,069,000	6,962,000	1/15	4,318,000	1/15	
Sels sur les côtes	56,267,000	157,000	»	Diminution.	»	
Sels à l'intérieur	7,909,000	Diminution.	»	816,000	»	
Boissons	86,802,000	2,423,000	1/45	2,791,000	1/44	
Diverses taxes indirectes	51,660,000	747,000	1/45	5,252,000	1/10	
Tabacs	90,560,000	4,159,000	1/22	5,929,000	1/31	
Poudres	3,175,000	571,000	»	Diminution.	»	
Lettres	38,664,000	1,504,000	1/58	1,814,000	1/55	
Service rural	2,248,000	62,000	1/56	92,000	1/25	
Malles-postes et paquebots	2,845,000	562,000	»	Diminution.	»	
Sucre	28,217,000	6,364,000	1/5	7,087,000	1/5	

OBSERVATIONS.

Les chiffres d'augmentation des droits de ce tableau ont été donnés par l'administration dans le Moniteur du 13 janvier 1842. Nous en avons établi la proportion, pour les divers impôts indirects est donc comme suit, en prenant le chiffre le plus favorable des deux années :

Sucre.................. 1/5
Diverses taxes........ 1/10
Douanes, navigation... 1/15
Tabacs................ 1/22
Postes rurales........ 1/25
Lettres............... 1/55
Boissons.............. 1/45
Enregistrement, etc... 1/47

Les calculs pour le sucre ont été faits sur les documens officiels contenus dans le tableau n° 8.

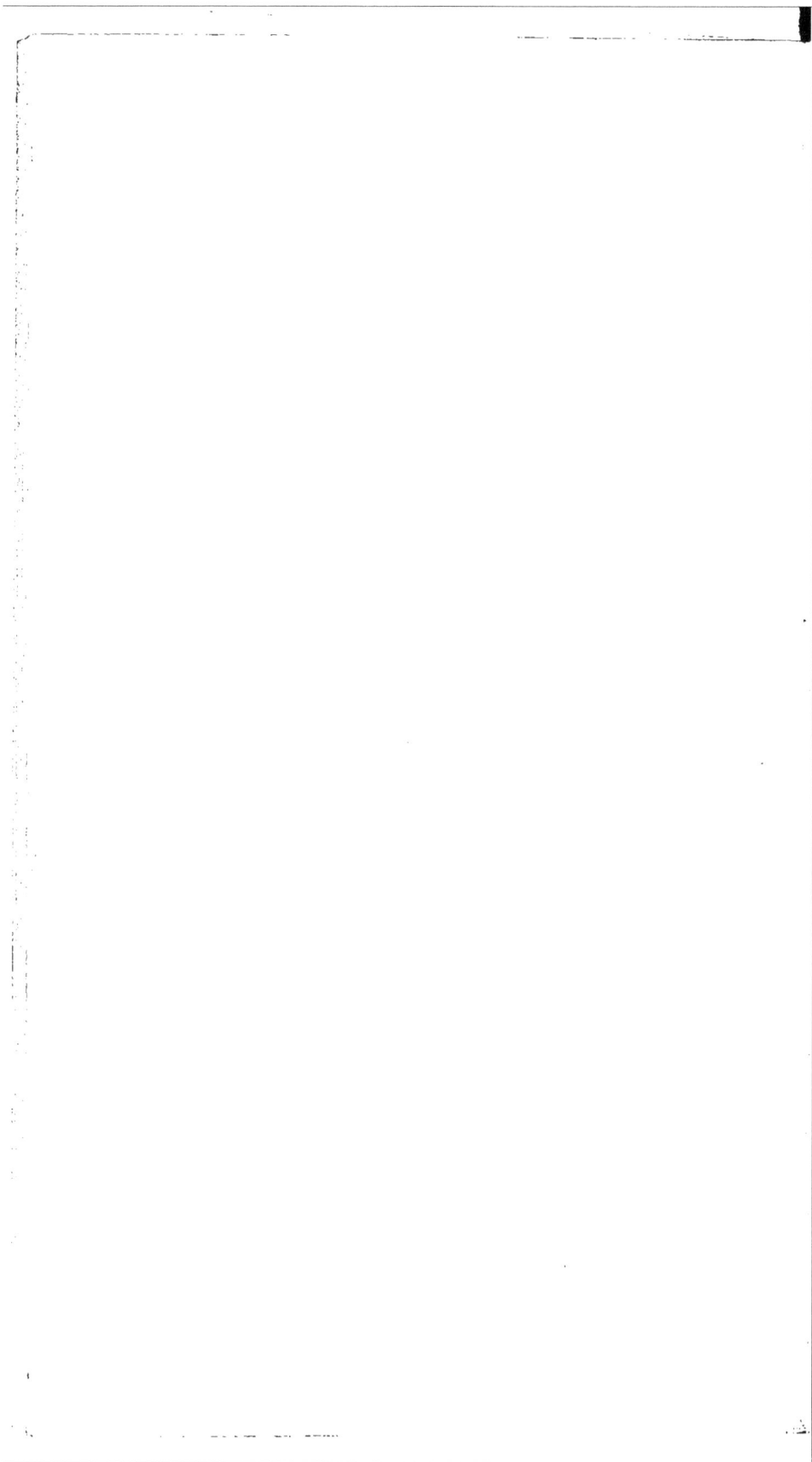

www.ingramcontent.com/pod-product-compliance
Lightning Source LLC
Chambersburg PA
CBHW062027200326
41519CB00017B/4961